高等职业教育酿酒技术专业系列教材

黄酒酿造技术

胡普信　莫新良　孟中法　编

图书在版编目（CIP）数据

黄酒酿造技术/胡普信，莫新良，孟中法编．—北京：中国轻工业出版社，2024.7

高等职业教育酿酒技术专业系列教材

ISBN 978-7-5019-8707-8

Ⅰ.①黄… Ⅱ.①胡… ②莫… ③孟… Ⅲ.①黄酒—酿酒 Ⅳ.①TS262．4

中国版本图书馆 CIP 数据核字（2014）第 018029 号

责任编辑：江 娟 贺 娜
策划编辑：江 娟　　责任终审：唐是雯　　封面设计：锋尚设计
版式设计：锋尚设计　　责任校对：吴大鹏　　责任监印：张 可

出版发行：中国轻工业出版社（北京鲁谷东街 5 号，邮编：100040）
印　　刷：三河市万龙印装有限公司
经　　销：各地新华书店
版　　次：2024 年 7 月第 1 版第 6 次印刷
开　　本：720×1000　1/16　印张：12.5
字　　数：249 千字
书　　号：ISBN 978-7-5019-8707-8　定价：28.00 元
邮购电话：010-85119873
发行电话：010-85119832　010-85119912
网　　址：http：//www.chlip.com.cn
Email：club@chlip.com.cn

241234J2C106ZBQ

高等职业教育酿酒技术专业（黄酒类）系列教材

编　委　会

前言

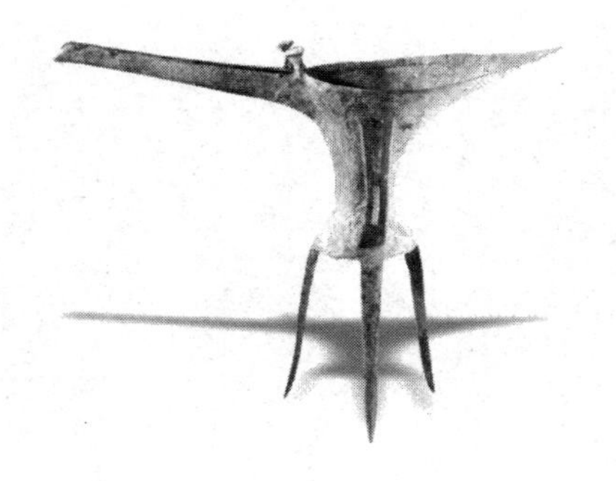

中国的黄酒是世界上独一无二的酒种，数千年以来一直为中国的消费者所喜爱。在数千年的黄酒酿造历史中，技术得到了不断的改进与创新，酿造水平也得到了不断的提高。黄酒生产由于地域环境的不同，生产工艺的差异使产品各呈风采，使黄酒为中国酒带来了真正的富含中国元素的印记。

黄酒的酿造技术一直是黄酒界最重视的技术因素，它揭示的除了酒类的发酵机理的基本理论外，更重视的是对黄酒特有的发酵机理的梳理与阐述，是对操作技能的详细述说。本书在前人对黄酒发酵技术探究的基础上，对黄酒酿造过程中的技术由表及里的横向诠释；又从黄酒酿造的历史进程中，提取酿造技术的进步与创新。书中尽可能将中国最具代表性的黄酒品种的酿造原理与操作方法，进行系统的叙述，帮助读者真正了解黄酒的酿造原理与操作技能，书中附上的实训是对理论的实践验证，相辅相成。本书不但是黄酒酿造专业的教科书，也可作为黄酒生产企业技术人员的参考资料。

由于本书改变了原来将黄酒酿造与工艺混合而编写的习惯定势，编写也是开创了酒类工艺与酿造分别编撰的先河，书中难免会有挂一漏万的不周，恳请读者不吝指正。

胡普信
浙江工业职业技术学院黄酒学院
2013年12月于绍兴

目 录

第一章 黄酒的历史、分类及功能性成分

黄酒是中国最为古老的酒种，也是世界上最古老的酒种之一。目前，全球公认的三大古酒是黄酒、啤酒与葡萄酒。唯有黄酒源于中国，产于中国，发展于中国。时至今日，全世界生产酿造黄酒的也只有中国。从中可以说明两点，一是黄酒具有极强的地域特征和民族特色，这是一个民族特色产品所具有的固有个性；二是黄酒较缺乏开放意识，对外的拓展性不强，造成其成为不被外界所了解的小酒种。这种个性特色鲜明、因循守旧突出的行业特征在黄酒中体现得十分明显。反过来，由于黄酒行业的这一显著特征，也为黄酒行业的发展提供了极为广阔的开拓空间，并为黄酒走向世界提供了无限的需求遐想。

第一节 黄酒酿造历史回顾

中国的历史与文明远早于能留给后世进行传承的文字，黄酒的起源依据目前的资料，已无法断定，但从中国的文字记载来看，首先被人为酿造的似乎就是谷物酒，那么它也就是今天的黄酒的滥觞。根据编年史的习惯，本书从历史的纵向脉络，简要地回顾一下中国黄酒的发展历程。

一、先秦时期

先秦是指秦以前的时期，可以是史前的，大多是指黄帝以后至春秋战国这一时期。这一时期，从目前的考古及有关的研究中可知，我国的酒早已存在。如距今5000～7000年的宁波河姆渡文化中已有酒生产的原料与酿造器具、饮用器具的存在。从中国五千年的文明史中，也可了解汉代刘向所说的“清盎之美，始于耒耜”，说明自从有了农业，有了稻谷，就有了酒。

甲骨文、钟鼎文为我们研究商周的文化提供了可靠的资料。在已发现的甲骨文或钟鼎文中，酒是一个较常使用的字，它的象形文字表示方式有很多。从这些象形文字，可以看到酉表示瓮形的器具，瓮形的器具用于酿酒，所以有关酿造的字都有酉旁。进一步比较还可以发现，“酒”字与“酉”字有着密切的联系。从酋字在甲骨文或钟鼎文中的字形来看，表示在酉——酿酒的器具上置一容器，容器里盛有往外浅溢的液状物质。可见酋最早的意思是造酒。《说文解字》中对酋的解释说：“绎酒也，从酉，水半见于上”。《释名》也说：“酒，酋也，酿之米曲酉泽，久而味美也”。这就进一步证实了酋字在早期确是表示酿酒。所以大酋作为负责酿酒的官员便也不难理解了。

中国历史上，第一次提出禁酒政策是在西周，然而在周朝的八百年的历史上，酿酒业却取得了蓬勃的发展。首先西周设立了专管酒的机构和官吏。据《周礼·天官》里说：“酒正，中士四人，下士八人，府二人，史八人”。掌管酒的除酒正外，还有“浆人”、“大酋”等官职。《周礼·天官》中还记载：“酒正掌酒之政令……辨五齐之名：一曰泛齐，二曰醴齐，三曰盎齐，四曰醍齐，五曰沉

齐，辨三酒之物，一曰事酒，二曰昔酒，三曰清酒”。所谓“五齐”就是指酿酒过程中，酒正必须观察到的五个酿酒阶段。泛齐是指发酵时醪液要充分翻动；醴齐是指主发酵结束时，曲蘖酒糟铺满缸面；盎齐是指主发酵结束后，要统一灌坛进行后发酵；醍齐是指后发酵酒坛中的坛面酒糟下沉时呈现的黄红色；沉齐是指酒坛中的酒糟完全沉于坛底，酒已经成熟了。所谓“三酒”就是指不同贮存时间的酒。事酒也叫公酒，是指朝中有事要求即时酿的新酒，昔酒是指前不久已经酿好的酒，清酒是酿好后长时间存放的陈酒。作为管酒的，这三种酒必须了如指掌。

阐述春秋战国到秦汉时期礼仪风俗的《礼记·月令》中有一段酿酒的经验之谈：“仲冬之月，乃命大酋，秫稻必齐，曲蘖必时，湛炽必洁，水泉必香，陶器必良，火齐必得。兼用六物，大酋监之，毋有差贷。”这里讲述的是在仲冬季节酿酒的注意事项，实际上是总结了酿酒技术的六个关键问题。

“秫稻必齐”是说原料必须选择同一品种，因为同一品种的谷物在蒸煮时也会同时煮熟，才会有利于酒的发酵；“曲蘖必时”是说酿酒所有的曲，必须选择合适的季节，以保证曲霉菌的活力；“湛炽必洁”是指所用的酿酒器具，包括用水浸泡原料和蒸煮原料的器具在操作中应该保持清洁，避免杂菌的感染；“水泉必香”说的是必须选择优良的水以供酿酒之用，古时对酿酒用水是很重视的。所谓的好水出好酒，也就是这个道理；“陶器必良”是指用来发酵的酒缸和盛放酒用的酒坛等陶器要挑选好，以免影响酒的品质；“火齐必得”是强调发酵必须注意温度，应该在适当的温度下进行，才能保证酒的质量。所谓“兼用六物”实际上是指要同时注意上述六项操作要点，六物即六事。“大酋监之，毋有差贷”是说大酋应监察上述酿酒的注意事项，千万不要出差错。这段经验之谈是符合酿酒科学原理的，很自然地成为后人酿酒的借鉴，对我国酿酒技术的发展有着深远的影响。时至今日，中国黄酒的传统酿造方法，基本遵循着这一准则。

酿酒技术在这一时期还有一项创造，这就是开始采用重复发酵的方法来提高酒的浓度。《礼记·月令》里有一句话：“孟秋之月，天子饮酎”，酎是什么酒？据段玉裁所作《说文解字注》：“酎，三重酒也。”就是说，在已酿成的酒中，再加入米和曲进行发酵以提高酒的醇厚感，并重复三次。显然采用这种方法酿成的酒，酒味浓厚、甜醇。这种方法以后得到了推广和发扬，至魏晋时曾出现过九酝法。当今绍兴的善酿酒及中国的甜型黄酒也是采用类似的方法酿造的。

二、秦汉时期

秦汉时期进行了一系列的改革、整顿与规范。秦始皇接受丞相李斯的建议，除秦记、医药、人筮、种植之书外皆烧之。酒的制造与使用属于医药书类，因此保存了下来。

东汉的许慎，在《说文解字》中，共解释了75个与酉有关的字，说明汉代时对酒的认识加深了，运用广泛了，制作复杂了，分类具体了，即酒向前发展了。从先秦开始，酒与医药就有结合，这也是我国医药发展史上的创举。东汉名医张仲景，被尊为我国的医圣，著有的《伤寒杂病论》是中国医药宝库中的一颗珍珠。《伤寒论》卷六辨少阴病脉证并治法第十一，对用苦酒汤做了具体阐述："少阴病，咽中伤生疮，不能言语，声不出者，苦酒汤主之。苦酒汤方：半夏十四枚、鸡子一枚，右二味，内半夏，著苦酒中，以鸡子壳，置刀环中，安火上，令三沸，去滓，少少含咽之。不差，更作三剂。"苦酒虽为醋，但将醋喻为苦酒也可说明酒在生活中的普遍存在。在妇人杂病脉证并治中说："妇人六十二种风及腹中血气刺痛，红兰花酒主之。红兰酒方：红兰花一两，上一味，以酒一大升，煎减半，顿服一半，未止再服。"红兰花酒，即红花酒。除治妇人此病外，还能治跌打损伤之淤血作痛、妇女病等。可见汉代名医用酒疗病的水平相当之高。

秦汉之际，我国现存最早的中医经典著作《黄帝内经》也对酒在医学上的贡献做了专门论述，其中，《素问·汤液醪醴篇》论述了醪醴与防病治病的关系，在其他篇章中还提及了治膨胀的"鸡矢醴"，治经络不通、病生不仁的"醪药"，主治"醒酒"等，均系较早的药酒记载。至汉代，随着中药方剂的发展，药酒逐渐成为中药方剂中的一个组成部分，而且针对性和疗效也有了很大的提高。在《史记·扁鹊仓公列传》中有"其在肠胃，酒醪之所及也"的记载，表明扁鹊认为用酒醪治疗肠胃疾病的看法，这篇著作中还收载了西汉名医淳于意的25个医案。古时"酒"写作"酉"，"醫"字从"酉"，也说明酒与医药的密切关系，后世又有"酒为百药之长"的说法，所以说药酒的起源与酒的产生是分不开的。我国现存最早的药酒方见于1973年发掘的马王堆汉墓出土的《五十二病方》，记载了内外用药酒30余方，用以治疗疽、蛇伤、疥瘙等疾病。马王堆汉墓出土的帛书《养生方》、《杂疗方》中，虽多已不完整，但仍可辨认出药酒方的制作工艺，里面有我国迄今为止发现最早的酿制药酒工艺记载。其中有一例"醪利中"的制法共包括了十道工序。由于这是我国最早的一个较为完整的酿酒工艺技术文字记载，而且书中反映的事都是先秦时期的情况，故具有很高的研究价值。其大致过程如图1－1所示。

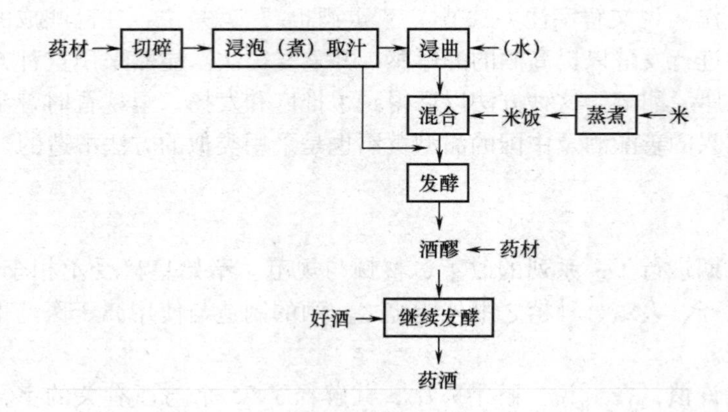

图1－1 "醪利中"的制法

从上述工艺可以发现先秦时期的酿酒有如下特点：采用了两种酒曲，酒曲先浸泡，取曲汁用于酿酒。发酵后期，在酒醪中分三次加入好酒，这就是古代所说的“三重醇酒”，即“酎酒”特有的工艺技术。

汉武帝在天汉三年（公元前98年）首创了榷酒酤的政策。目的是要控制其利丰厚的酒的酿造与售卖。“榷酒酤”，其意就是政府控制酒类的生产和流通，这也就是后人称之为酒类的专卖。

长期的酿酒实践已使人们认识到，酿制美酒，首先要有好的酒曲，增加酒的品种，首先要增加酒曲的种类。所以这一时期，酒曲的种类和制曲的方法都有很大发展。重要进步主要反映在饼曲的出现上。在这之前，酒曲主要以散曲形式进行生产，当人们在实践中发现，成团的酒曲其内部往往生长着更多的霉菌，因而具有更强的发酵能力。因此，人们开始生产饼状或块状的酒曲。从散曲到饼曲，是酒曲发展史上一个重要的里程碑。这种制曲的方法，长期流传下来，成为我国酿酒工艺的特色之一，至今我国酿酒工业仍然多用根霉，这和饼曲的发明是分不开的，从而形成了我国的酒具有自己的民族特色。原来实行酒的专卖是当时采用了饼曲，使酿酒的出酒率大大提高，能获取更加丰厚的利润所造成的。《汉书·食货志》中记载了当时酿酒用曲的一个情况：“一酿用粗米二斛，曲一斛，得成酒六斛六斗。”一方面说明当时酿酒已不用蘖了，另一方面也表示当时酿酒的用曲量是很大的。按照这种米、曲、酒之间的比例，可以推算出当时酿出的黄酒已有一定的浓度了。

汉代不仅酒曲的发展让酒业发展加速，而且酒的品种也不断推出，并且已经发现用糯米酿酒最好。据《后汉书·刘隆传》和后来白居易、孔傅合撰的《白孔六帖》中都说：“糯米一斗得酒一斗为上樽，稷米一斗得酒一斗为中樽，粟米一斗得酒一斗为下樽也。”把糯米为原料酿制的酒列为上品，可见当时人们就发现用糯米酿制成的黄酒品质更好。而当时的山阴（即今之绍兴）一带盛产糯米，酿出的酒多属上樽，故在当时就有点名气。难怪梁元帝萧绎要“时复进之”了。

三、魏晋南北朝时期

这个时期，前期的魏、蜀、吴三国中，魏国的宰相，后被称为魏武帝的曹操是最值得一提的，这不仅是他创作了《短歌行》，而使杜康成了酒的代名词，而且曹操曾给汉献帝刘协一个《上九酝酒法奏》，在这个折奏中曹操说：“臣县故令南阳郭芝，有九酝春酒。法用曲二十斤，流水五石，腊月二日渍曲，正月冻解，用好稻米，漉去曲滓，酿法……三日一酿，满九斛米止，臣得法，酿之，常善；其上清，滓亦可饮。若以九酝苦难饮，增为十酿，差甘易饮，不病。今谨上献。”这里的“九酝春酒”，反映的是酒通过多次投料，能酿出好酒来，目前仍被许多酒厂所采用，以宁波、嘉兴等地喂饭法为代表的黄酒酿造方法，就是一个最好的例子。

北魏曾经出过一位杰出的科学家，他就是贾思勰。他的成就便是我国现存最早、最完整、最系统的一部农书《齐民要术》。《齐民要术》由序、杂说和正文三大部分组成。正文共92篇，分10卷，11万字，其中正文约7万字，注释约4万字。另外，书前还有“自序”、“杂说”各一篇，其中的“序”广泛摘引圣君贤相、有识之士等注重农业的事例，以及由于注重农业而取得的显著成效。一般认为，杂说部分是后人加进去的。贾思勰通过调查和实践，总结了当时酿酒技艺，因而使他关于制曲酿酒的记载具有承上启下的意义。

这里重点谈谈书中关于制曲酿酒的有关内容。关于制曲方面，贾思勰介绍了十三种制曲法。其中有神曲六种、笨曲两种及白醪曲、方饼曲、女曲、黄衣、黄蒸各一种。方饼曲接近笨曲，女曲接近神曲，白醪曲似乎介于神曲与笨曲之间。“黄衣”、“黄蒸”都是散曲，具有一定糖化作用和水解蛋白质的作用，酒化能力弱，所以主要利用它们做豆豉和酱油。无论神曲或笨曲，它们都被制成块状，不同的是神曲的发酵能力比笨曲要强一些。“此曲（神曲）一斗，杀米三石，笨曲一斗，杀米六斗，省费悬绝如此。”不仅神曲的发酵能力强，而且用这种曲酿成的酒，可使人“蠲除万病，令人轻健”，故特名神曲。

关于酿酒技术，《齐民要术》里介绍了多达40种的方法。这些方法的基本程序是一致的：①将曲晒干，去掉灰尘，弄得极干净，研碎成细粉；②浸曲三日，使霉菌和酵母恢复活力和得以初步繁殖，待到产生鱼眼般的气泡，就可以将其加入米饭中进行发酵；③一切用具必须清洁，避免带入污染物；④米要淘洗多遍，蒸熟后的米饭分批投入酒醪中，投料多少，什么时候投，要依照曲势而定。

我国酿酒历来重视水质，贾思勰很清楚这点。他指出：“收水法，河水第一好。远河者，取极甘井水，小碱则不佳。”“作曲、浸曲、炊、酿，一切悉用河水，无手力之家，乃用甘井水耳”。这里已经说得很明白，酿酒用水最好用河水，离河远的，则用甘甜的井水，稍有点咸味即带碱性的水不能用。用现在的微生物理论来解释，因为碱性的水直接影响微生物的生长繁殖环境，从而影响酒的质量。

《齐民要术》中还记录了好多酿酒的方法，如“黍米酎法”，这种酒，加水很少，基本属于固态发酵，正月作，七月熟，发酵时间也长，清酒颜色像麻油一样，很酽，放三年也不会变坏。酒度较高，平时酒量在一斗者，也至多能饮升半。由此可见这种酎酒较西汉时又有新的发展。现山东即墨老酒的酿造方法与此类似。

白醪曲酿白醪的方法中提到：“取糯米一石，冷水净淘漉出，著瓮中，作鱼眼沸汤浸之，经一宿，米欲绝酢（极酸）”。这是浸大米制酸浆调节发酵醪中酸碱度的最早记载。酿制的白醪实为黄酒，现在酿造绍兴黄酒时采用长时间浸米的方法获取酸浆，与这种方法类似。

“酿粟米炉酒”法中介绍：“用一石米，须要一斗曲末来消化。一斗春酒酒糟的粉末，玉米粟米饭”。这里除原料和酒曲外，还加入一斗春酒酒糟末。不仅是酒糟的利用，而且是微生物连续接种的最早记载。尽管当时人们还不能了解这种做法的意义所在。

此外，贾思勰把散曲编成另篇，名为“黄衣、黄蒸及蘖”。黄衣、黄蒸是两种散曲，分别以麦粒和麦粉为原料，蒸熟后摊平，盖上苇叶，让其长满黄曲霉，然后用来做豆豉和豆酱。能将这两种散曲与蘖归为一类，表明贾思勰认识到这三者的共同点，即它们都具有分解蛋白质和淀粉的能力，同时又看到它们的发酵能力不是很强。

总之，《齐民要术》中关于酿酒的记载，内容相当丰富，可细细地进行研究与解读。

晋代在我国黄酒酿造史上，最为有名的莫过于晋朝襄阳太守嵇含所著《南方草木状》。此书记载生长在我国广东、广西等地以及越南的植物。计上卷草类二十九种，中卷木类二十八种，下卷果类十七种和竹类六种，共八十种。其中在“草类”中有“草曲”，记载了南方黄酒酒曲（药）的制作方法，而且也记载了“女酒”的来历。其中有“草曲。南海多美酒，不用曲蘖，但杵米粉，杂以众草叶，沾葛汁，涤溲之，大如卵，置蓬蒿中，荫蔽之，经月而成，用此合糯为酒。故剧饮之，既醒，犹头热涔涔，以其有毒草故也。南人有女数岁，既大酿酒，侯冬陂池竭时，置酒罂中，密固其上，瘗陂中。至春潴水满，亦不复发矣。女将嫁，乃发陂取酒，以供宾客，谓之女酒，其味绝美。”这里有两点是黄酒酿造中所碰到的，一是传统的酒药制作往往做成卵形，也即小饼曲。二是南方酿酒所用的曲不同于北方，北方多用麦曲，而南方则用米曲。

四、唐宋时期

唐代和宋代是我国黄酒酿造技术最辉煌的发展时期。酿酒行业在经过了数千年的实践之后，传统的酿造经验得到了升华，形成了传统的酿造理论，传统的黄酒酿酒工艺流程、技术措施及主要的工艺设备至迟在宋代基本定型，唐代留传下来完整的酿酒技术文献资料较少，但散见于其他史籍中的零星资料则极为丰富。例如，唐代皇甫松的《醉乡日异》中就有“霹雳酒”的记述，与皇甫松同时代的刘恂所著《岭南录异记》中有“南中酒”，房千里所撰《投荒杂录》中有“新州酒”。上述三篇，均系唐宫员任职外地或赴外地工作时据所见所闻撰辑而成，可见唐代的酒业遍及全国，而且种类繁多。

在唐代的二百八十八年里，前半期继续实行隋朝以来的开放政策，允许私人酿酒，不收专税，虽然也有过几次时间很短的禁酒令，那也只是因旱年岁饥，粮食短缺而不得已才采取的权宜之计。安史之乱后，唐王朝进入衰败，经常兴兵讨伐藩镇叛乱，造成财政十分困窘，为此唐政府恢复了税酒政策，继而又变为榷酒政策及酒的专卖，总之政府想控制全部酒利。在具体政策上，与汉代的榷酤相比，唐朝有了一些发展，这就是除了官自卖酒和酒户纳榷钱外，还把榷曲的款项均配于青苗钱中，从而使榷酒钱变为青苗钱的附加税，实际上加重了对农民的盘剥。据太和八年时小计“凡天下榷酒为钱百五十六万余缗，而酿费居三分之一，贫户逃酤不在焉”。可见榷酒的收入之多。随着酒利收入在国家财政中地位的提高，政府对榷酒的收入更为倚重，所以从五代到北宋，政府一直沿袭这种专卖政策，并使这种专卖政策日益完备。

北宋的专卖政策已形成榷曲、官卖和民酿而课税三种形式并行，因地而异。酒利的收入已成为加强中央集权制的经济基础之一。《熙宁酒课》中就记载了当时各地酒利收入的情况：“四十万贯以上者有东京和成都；三十万贯以上有开封、秦、杭；二十万贯以上的有京兆、延、凤翔、渭、苏；十万贯以上的有西京、北京等三十六地，五万贯以上的有南京、青等七十三个地方；五万贯以下的有沂、潍等四十六个地方；三万贾以下的有广济、平定军等五十五个地方和军队单位；还有一些地方酒利收入在一万贯以下或无定额。”通过列举的这一酒利的收入，也可以窥见当时酿酒业的发展和规模，它并没有因苛重的酒税而停止发展。

宋代留下了大批有关酒的古籍，是留下资料最多的一个时期。例如，苏轼的《酒经》、朱翼中的《北山酒经》、李保的《续北山酒经》、窦苹的《酒谱》、田锡的《曲本草》，范成大的《桂海酒志》、林洪的《新丰酒法》、何剡的《酒尔雅》、张能臣的《酒名记》、徐炬的《酒谱》、赵与时的《觞政述》、赵殉的《熙宁酒课》等。可以说他们从不同角度谈论了当时的酒政、酒史轶事和酿酒技艺。这就为研究唐宋时期的酿酒业和酿酒技术提供了丰富的资料。尤其是朱翼中的《北山酒经》是继《齐民要术》之后又一本关于酿酒工艺的专著，它总结了隋唐至北宋时期制曲酿酒的经验，对于了解唐宋时期的酿酒工艺极有价值。

《北山酒经》介绍了十三种曲的制法，并根据制法的不同把这些曲分为罨曲、风曲、曝曲三类。所谓罨曲，即在密室中，以草叶掩覆成曲。风曲和曝曲，均悬挂通风之处而阴干。罨曲有顿递祠祭曲、香泉曲、香桂曲、杏仁曲四种，风曲有瑶泉曲、金波曲、滑台曲、豆荏曲四种，曝曲有玉友曲、白醪曲、小酒曲、真一曲、莲子曲五种。书中详细地介绍了这十三种曲的制法。从这些制法中，可以看到唐宋时期的制曲比《齐民要术》上所记的已有明显进步。

《北山酒经》中对酿酒的工艺也做了详尽的记述。它将酿造工序大致分为：①卧浆；②煎浆；③汤米；④蒸醋糜；⑤酴米；⑥蒸甜糜；⑦投醽；⑧上糟及煮酒等 8 个阶段。此外在这些工序中还穿插有淘米、用曲、合酵、酒器、收酒、火迫酒、曝晒法等辅助操作。这一酿造过程远比《齐民要术》中详尽，特别是每一阶段的操作要点都讲述到。近代的绍兴酒酿造方法与此基本一致，可见当时的酿造水平已相当高。

朱翼中在书中对于酿酒过程中的调酸问题反复强调，指出“造酒最在浆，其浆不仅要酸，还要酸得味重，浆不酸即不可酿酒，仰酿须酴米偷酸，酴米偷酸全

在于浆。”酴，就是酒母。所谓偷酸即是指利用酸度，这里指采取以具有一定酸度的浆来调节酿酒过程中的酸度。酸度即 pH，具有一定的 pH 才能使酵母菌得以更旺盛地繁殖，同时抑制了杂菌的生长。所以调酸是酿酒过程中一个很重要的科学问题。随后在煎浆这一工序中，朱翼中总结说：“造酒看浆是大事，看米不如看曲，看曲不如看酒，看酒不如看浆。”并说此是古谚，也就是长期流传于民间的酿酒经验。

通过观察和实践，朱翼中还总结出酿酒过程的口味变化如下：“自酸之甘，自甘之辛，而溅跋焉。”用现代的科学知识来理解即是调节酸度后，淀粉酶使淀粉分解糖化，酒醅呈甜味，然后酵母菌发酵又使糖类转化为酒精，酒醅呈辛辣味，这样酒就做成了。在当时的条件下，朱翼中只能从观看、品尝等感官角度来表述。这种把糖化阶段和发酵阶段清楚地划分开来也是难能可贵的。

朱翼中还介绍了白羊酒、地黄酒、菊花酒、酴糜酒、葡萄酒、猥酒等的酿造法。总之《北山酒经》里的资料非常丰富，很多是值得深入研究的。通过《北山酒经》可以看到宋代黄酒的酿造技术已达到很高的水平了。

比《北山酒经》稍早一点写成的《东坡酒经》，是中国古代大文豪苏轼的作品。这篇杂文只有寥寥数百字，却从制曲到酿酒都做了扼要清晰的介绍。其要点可归结为：①以大米（糯米或粳米）为原料；②以多种草药制成药汁，再和面粉与姜汁制成酒曲，在酿造中就使用这种称为小曲的酒药；③采用三次投料的喂饭法，这是长期实践的经验结晶，符合微生物的发酵规律，对根霉及酵母起着驯养作用，可以得到较高的酒度；④酒糟再经重酿，充分利用了酒糟中的微生物和原料，这是节约原料和酒曲的好办法；⑤五斗米最后酿出五斗酒，这可能是当时的出酒产率；⑥酿造时间总计约三十天。特别要指出的是，苏轼在此文中强调了酿酒，投料必须做到：“凡水必熟冷”，“凡酿与投必寒之而下”，“此炎州之令也”。控制适当的温度是黄酒酿造工艺的关键技术，温度偏高，酒质极易酸败。苏轼能够认识到这点，表明他对酿酒技术的精通。事实上，假若苏轼没有亲身从事酿酒工艺的实践，没有对酿酒过程的仔细考察和思索，他是不可能写出这样一篇有一定分量的科学报告的。《东坡酒经》实际上是当时南方黄酒酿造工艺的一个真实写照和经验总结，与《北山酒经》基本类似，它所述的酿酒法与当今南方的黄酒传统酿造法很相似，产率也相差不远。由此可见，黄酒的酿造工艺在宋代已很成熟。

五、元明清时期

李时珍《本草纲目》云：“烧酒非古法也，自元时始创其法。”有资料可以佐证，烧酒技术至迟发明于十二世纪中叶宋金对峙初期。只不过入元后烧酒生产有了较大发展，因而引起了人们的普遍注意，忽思慧《饮膳正要》、朱震亨《本草衍义补遗》、吴瑞《日用本草》诸书也都涉及烧酒（及红曲）。《牧庵集》卷十五载："京师列肆数百，日酿有多至三百石者，月以耗谷万石。"元朝疆域广大，糟房酒场比比皆是，耗谷量之大无法统计，可见元代酿酒业的发展状况实在令人吃惊，同时也可推知烧酒生产是造成耗谷量大增的原因之一。元代酒业与以前明显不同的另一突出特点是全国各地寺院几乎均设酒馆，直接经营酒类生产与销售。仅大护国仁王寺就曾设有酒馆一百四十一所，这个数字同样令人咋舌。

元代酒税是国家重要财源之一。世祖时，一般酒税率为百分之二十五左右，葡萄酒税率为百分之六左右。到文宗至顺元年（1330 年），全国酒税岁入四十六万余锭，比四十五年前的至元二十二年（1285 年）增加了三百二十倍。

元代酒类品种繁多，不可确计其数。宫廷中有贡自全国各地的名酒，诸如玉团春、不冻春等。酒在元代是国内外贸易中的一类重要商品。许多蒙古贵族、寺院僧侣和汉族官绅大做酒类买卖，甚至专酒之利（《元典章·户部》八）。大都及各地市场常年有各种好酒出售，中国酒还远销各国。元人饮酒风气很盛，这在当时著名作家及其作品中都体现得很充分。城市商业经济的繁荣、蒙元统治者对歌舞戏曲的特殊爱好和金宋以来戏曲的发展，为元代杂剧取得辉煌成就提供了必要的条件，大批看破红尘、蔑视功名富贵的文人，以专门创作戏曲为正业，放浪形骸、饮酒作剧成了他们人生之歌的主旋律。

明初朱元璋为了表示自己躬行节俭，是开基创业的君王，曾颁布过禁酒令："因民间造酒，糜费米麦，故行禁酒之令。……今岁农民毋种糯米以塞造酒之源。"为了禁酒，干脆禁止农民种糯稻。为了表明禁酒的决心，朱元璋对于不用米曲的葡萄酒也加以限制。洪武六年，他令太原勿进葡萄酒："朕饮酒不多，太原岁进葡萄酒，自今令其勿进。国家以养民为务，岂以口腹累人哉！"不久随着政权的巩固和经济的恢复，明朝正式取消了酒的专卖而实行真正的税酒政策。

清朝前期继承了明朝的税酒政策，中后期由于经济的衰退，统治者逐渐加重了酒税。清朝也禁过酒，不过酒禁的内容与明初不一样。朱元璋禁民种糯，禁的是黄酒，实际上是一切酒。清朝禁的是以高粱为原料酿制的烧酒，黄酒本无禁令。

元代以后，制曲酿酒技术最重要的进步和变化，就是蒸馏酒的酿制。蒸馏酒的生产技艺是在黄酒工艺基础上发展起来的，同时蒸馏酒的出现又促进了黄酒工艺的发展，蒸馏酒的原料从液态黄酒到半液态的酒醪，后来又逐渐过渡到固态的酒醪。这是从黄酒工艺中吸取了丰富的经验发展起来的，并且随着酒糟分离技术的提高，黄酒生产中又得到副产品——糟烧，也为黄酒质量的提高、酿造工艺的发展提出了新的途径。一些优质黄酒往往为了提高酒度，防止酸败而加入一些糟烧或米烧酒，就表明蒸馏酒的运用对于黄酒质量改进、品种增加是有贡献的。现在绍兴酒中的香雪酒、龙岩的沉缸酒、丹阳的封缸酒、兴宁的珍珠红酒等一些名优黄酒都添加了糟烧和米烧酒。

明清时期酒的相关专著与酒文化著作大量付印，其中较著名的有《天工开物》、《本草纲目》、《遵生八笺》、《物理小识》、《狂夫酒语》、《酒颠》、《酒史》及《胜饮篇》等。

宋应星著撰的《天工开物》系统地叙述了农业、手工业的生产技术和经验，也记录了酿酒技艺。在第十七卷“曲蘖”中明确地介绍了以下几点：

（1）制曲时添加蓼汁等草药，少则数味，多则百味。可见在制曲中加入草药已成为常法，而不同的草药制成的曲又常使黄酒具有不同的风格和口味。

（2）第一次介绍了薏酒和豆酒这两种新品种的制法。薏酒产于燕京，“以薏苡仁为君，入曲造薏酒”。豆酒产于浙中宁绍，“以绿豆为君，入曲造豆酒”。“二酒颇擅天下佳雄”。

（3）制酒曲或酒药时必须注意清洁。不洁或变质的酒药千万不能用，“则疵药数丸，动辄败人石米”。最后还介绍当时北方（燕齐）黄酒所用曲药，多从王淮郡造成。南方则常用红曲。

李时珍的《本草纲目》在卷二十五中，介绍当时六十九种药酒的制法和疗效。这不仅表明药酒发展的高水平，同时进一步申诉了酒与药的密切关系，这是我国先人几千年的经验结晶。《本草纲目》在叙述了烧酒之后，又详细地介绍了葡萄酒，不仅阐明了利用新鲜葡萄和葡萄干的酿酒方法，还第一次区分了葡萄酒与葡萄烧酒。

明高濂在《遵生八笺》的酝造类中介绍了桃源酒、香雪酒、碧香酒、腊酒、建昌红酒、五香烧酒、山药酒、葡萄酒、白术酒、地黄酒、羊羔酒、天门冬酒、菊花酒等十七种酒的制法。这些酒皆养生之酒，非甜即药，与常品迥异。其中桃源、香雪、碧香、腊酒、羊羔酒、白术酒等都是黄酒类的甜酒或药酒，五香烧酒也是在黄酒中添加一定量烧酒而酒度较高的黄酒。可见在明朝，人们的饮酒中仍然以黄酒为主。

清朝郎廷极所著的《胜饮篇》是仿宋代窦革《酒谱》的模式而辑集的酒史小百科。它共分十八卷，收集了有关酿酒季节、产地、名号及政令、著作和工艺等的历史资料，也罗列了有关酒的名人、轶事、德量、功效的历史典故，内容十分丰富，为我们研究酒史提供了许多宝贵的线索。

无论是《遵生八笺》、《物理小识》，还是《天工开物》、《本草纲目》都有关于红曲制造方法的记载。红曲的发明和使用是我国古代劳动人民在利用和培养微生物方面的重大成就之一。

红曲又称丹曲，是经过发酵作用而得到的透心红的大米米曲。红曲是我国福建、浙江、台湾等南方地区酿制红曲酒的主要酒曲，它不仅用于酿酒，还用于制造红豆腐乳，是烹调食物的调色剂，闽菜多使用它。红曲还是一种治疗腹泻的良药，还有消食、活血、健脾、暖胃的功效。红曲的利用和制造被现代生物科技证明是一项极为重要的发明。

北宋初期陶谷所作的《清异录》中已有红曲煮肉的记载，可见红曲的发明至迟应在宋初，即不会晚于十世纪。苏轼的诗词中曾有“夜倾闽酒赤如丹”，说明苏轼已饮过福建的红曲酒。《北山酒经》中也有“伤热心红”之语，表明朱翼中已了解到红曲的存在和红曲的制造。可是苏轼和朱翼中都没有详细地介绍红曲的制法，这说明当时红曲主要在福建一带被使用，流传到其他地方的还不多。到了元朝，忽思慧的《饮膳正要》、朱震亨的《本草衍义补遗》、吴瑞的《日用本草》等书里都提到了红曲，可见红曲在元朝已很普遍。《本草纲目》、《天工开物》、《物理小识》等均有关于红曲制法的记载，进一步说明红曲的制造和利用已引起人们高度的重视，红曲酒已成为黄酒中一类深受欢迎的品种。

对红曲记载较全面的当推《天工开物》，对红曲即丹曲的制法有较详细的介绍。

“凡丹曲一种，法出近代。其义臭腐神奇，其法气精变化。世间鱼肉最朽腐物，而此物薄施涂抹，能固其质于炎暑之中，经历旬日，蛆蝇不敢近，色味不离初。盖奇药也。

凡造法糯稻米，不拘早晚。舂杵极其精细，水浸一七日，其气臭恶不可闻，则取入长流河水漂净（必用山河流水，大江者不可用）。漂后恶臭犹不可解，入甑蒸饭则转成香气，其香芬甚。凡蒸此米成饭，初一蒸半生即止，不及其熟。出离釜中，以冷水一沃，气冷再蒸，则令极熟矣。熟后，数石共积一堆拌信。

凡曲信必用绝佳红酒糟为料，每糟一斗，入马蓼自然汁三升，明矾水和化。每曲饭一石，入信二斤，乘饭热时，数则信至矣。凡饭拌信后，倾入箩内，过矾水一次，然后分散入篾盘，载架乘风。后此风力为政，水火无功。

凡曲饭入盘，每盘约载五升。其屋室宜高大，妨（防）瓦上暑气侵迫。室面宜向南，妨（防）西晒。一个时中，翻拌约三次。候视者七日之中，即坐卧盘架之下，眠不敢安，中宵数起。其初时雪白色，经一二日成至黑色，黑转褐，褐转带赭，赭转红，红极复转微黄。目击风中变幻，名曰‘生黄曲’。则其价与人物之力，皆倍于凡曲也。凡黑色转褐，褐转红，皆过水一度。红则不复入水。

凡造此物，曲工盥手与洗净盘簟，皆令极洁。一毫滓秽，则败乃事也。”

这是古代对红曲的生产过程最详细的介绍，也是较为科学的总结。其中有三点应该指出：

（1）选用最好的菌种作曲种，“凡曲信必用绝佳红酒糟为料”，这是人工筛选菌种的经验方法。

（2）用明矾水来维持红曲生长所需的酸度，并抑制杂菌的生长，这是一项惊人的创造。

（3）创造了分段加水法，把水分控制在足以使红曲霉可以钻入大米内部，但又不能多至使其在大米内部进行糖化和酒化作用，从而得色红心实的红曲。这里充分体现了古代劳动人民的智慧和技巧。

六、近现代时期

1840 年鸦片战争之后的洋务运动（1860—1895），在传入的这些科学技术知识中，传教士傅雅兰主编的《格致汇编》（1876—1890）就系统地介绍了当时外国的啤酒、葡萄酒及多种蒸馏酒的制法，然而这些介绍远没有像兵舰、枪炮及养兵练兵之法那样引起重视，清朝政府既没有派人去国外考察食品酿造业，留学回来的人也没有在国内兴办酿造业的。这固然是由于洋务运动的重点在于军事——发展船坚炮利上，但不能不看到中国本身的酿造业已具有较高的水准，中国传统的黄酒、烧酒已在世界的酒类中独树一帜，享有极高的声誉，例如，在二十世纪初叶几次世界性的博览会上，中国的黄酒、烧酒及葡萄酒屡次获奖。中国人还是喜爱自己民族的传统饮料——黄酒和烧酒。

尽管一些在中国留居时间较长的外国传教士和外国侨民先后开办过一些生产啤酒或葡萄酒的作坊，但是他们酿造的啤酒和葡萄酒的多数主顾仍然是他们自己，这些“洋酒”在中国人中间并没有太大的市场，因此这些酿酒作坊都无力向传统的中国酿酒业挑战，发展也是缓慢的。

中国人喜爱自己的黄酒和烧酒，不仅是长期以来形成的习俗，实际上也是整个近代中国饮酒风尚的一个显著特点。在近代，“洋酒”是无法与黄酒、烧酒竞争的，黄酒和烧酒也都有自己特定的顾客范围，黄酒和烧酒的处境也是不同的。为了说明这点，还得从明清时期的饮酒风尚说起。

明朝许多地方已开始生产蒸馏酒，但是这时候的蒸馏酒主要供下层劳动者零星市沽，饮少易醉，节费省时。中上层人士言下便有不屑饮之意，待客和筵宴绝不用烧酒，而是饮用黄酒。当时的地主官门、富商几乎都有家酿，这些家酿在酝造的配方中，往往加入自己喜爱的药材或香料，各标珍异，既适合自己的胃口，又可以作为礼品馈赠给亲朋好友。这种各家自酿佳酒并相互赠送，已成为当时富豪们的时尚。

这种时尚后来又被入关的满族贵族所继承，在清朝基本上没有什么改变。清朝前期，对酒不实行专卖，酒税也不算重，所以私营酿酒业获得较大的发展，特别是以高粱为原料，大麦作曲，用蒸馏技术生产烧酒的烧锅业。这是因为烧酒的酒度比黄酒高得多，能饮白酒三、四两始醉者，饮黄酒二、三斤而不足。加上黄酒之沽倍于烧酒，易得一醉的烧酒远比黄酒便宜，因而深受人们欢迎，特别是劳动群众。这种供求关系刺激着烧锅业的迅速崛起。烧酒又因其原料除高粱之外，还可以是黍壳、稷糠，薯类等杂粮——粮食之粗贱者，成本显然低于黄酒，加上黄酒不可长贮久搁，深春炎夏初秋皆不能酿造，烧酒则无此弊。烧锅业获利甚厚，又有自己广大的顾客，而具有更强的商业性，发展较快。

饮烧酒者易醉，醉后较易滋事生非，所以当粮食歉收时，清政府曾颁发过禁酒令。乾隆二年（1737）清高宗特降谕旨：“永禁烧酒。”只禁烧酒，不禁黄酒，所以禁酒令实际上是针对广大劳动群众，对地主、贵族官门却无约束。然而禁烧酒严重影响了酒税的收入，对此统治集团内部又引起了一场争论。有人上书力陈禁酒之弊与开禁之利，提出："烧酒之禁宜于歉岁，而不宜于丰岁，禁于成灾之地，各地不必通行。"坚持禁酒的人则要求："禁之之法，必先禁烧曲，兼除门关之税，毁其烧具，已烧之酒勒限自卖，已造之曲，报官注册，逾限而私藏烧曲烧具，市有烧酒者，以造赌具之罚治之。"争论的结果是政府采取了歉严丰宽的折中原则："歉岁粒米维艰，则小麦高粱之类可以疗饥，禁之诚为有益，丰年米谷足食，则大麦高粱之类原非朝夕常食之物，自宜开通酒禁"。同时还酌定北方五省烧锅踩曲之禁，禁止酒曲出境，尽管黄酒的生产大多采用糯米等细粮，却由于它是地主、贵族的常备饮料，而没有受到限制。据清宫资料记载，清朝的皇帝都喜欢喝黄酒，如康熙皇帝特别喜欢绍兴的竹叶青酒，为此还写过一块匾奖给绍兴的酒厂。

在整个近代，直到20世纪的40年代，黄酒和烧酒仍然维持着这样的顾客队伍，是我国人民的传统饮料。黄酒一直处于较优越的地位，因而获得了持续的发展。许多优质的名牌黄酒大都有着悠久的历史，然而直到近代乃至现在仍然深受欢迎，主要因为它们在近代众多品种的黄酒竞争中，继承和发展了传统的工艺，形成了自己独特的风格，在色香味诸方面都达到较高的水准。在黄酒酿造技艺的发展中，近代科学知识对黄酒生产的科学指导是不容忽视的，在这方面的工作中，我国老一辈酿酒专家做出了杰出的贡献。

黄酒的酿造历史悠久，产品优良，但是传统的酿酒方法十分陈旧和刻板。当近代的科学知识传入后，人们遂了解到酿酒的科学原理。在这种情况下，一些学者决心研究和阐明黄酒生产的机理，并总结黄酒生产的经验，以利于进一步完善和发展黄酒的生产工艺，为此他们做了开创性的努力。

发明了制曲法，在酿酒中广泛地运用既能糖化又能起发酵作用的酒曲、酒药，这是我国先人对人类的伟大贡献。所以研究传统的酿酒工艺，首先就要研究那些经长期筛选和培养而留传下来的酒曲、酒药。从20世纪30年代初开始，陈驹声、方心芳等我国老一辈工业微生物专家就对中国传统的酒曲、酒药进行了系统的科学研究。

1932年，当时在中央工业试验室任酿造试验室主任的陈驹声先生，从南京等地的酒药中分离出十五株酵母和数种曲霉，并对分离所得的微生物进行形态和生理的初步研究。1934年当他从美国留学归国后，又继续研究湖南等地的酒药。从湖南的酒药中分离出一株发酵能力较强的酒精酵母；从严州的酒药中分离出一株根霉，其糖化能力与德氏根霉相似。20世纪40年代，他对黑曲和黄曲的糖化过程、特点及最适宜的温度做了系统的对比考察，证明黑曲既耐酸又耐热，对于酒精的后期发酵特别有利，尤适宜用于夏季酿造之用。这一发现不仅对酿酒，而且对整个食品酿造的改进都有指导意义。

1931 年起，一直在黄海化学工业研究社从事工业微生物研究，并长期兼任发酵室主任的方心芳先生，对酒曲、酒药和传统的酿酒技术做了大量的调查和研究。1932 年他写出了“高粱酒酿造法的初步试验”的报告；1934 年完成了对山西杏花村汾酒生产的考查和总结，并于同年发表了论文“高粱酒曲的改良”。1935 年他将收集到的各地的酒曲、酒醅进行仔细研究，从这些样品中分离出 40 株酵母，并分别试验其发酵力，发现我国酒曲内酵母菌的发酵速度大多比较缓慢。1937 年他在“工业中心”杂志中发表了论文“酒曲中两个根霉新种”。同年在法国的科学杂志上发表了论文“中国酒曲中的几种酵母菌的鉴定”和“酵母菌和霉菌生长素的研究”。这几篇论文通过对我国传统酒曲、酒药的菌学研究，为进一步鉴定、改进和筛选酒曲、酒药提供了理论和菌学的指导。在后一篇的论文中，方心芳还介绍了他研究川芎、白术等 11 种中草药对酒药与酿酒的影响，这在菌学研究中具有特殊的意义。现在中国科学院微生物研究所收藏的大部分菌株，都是方心芳先生长期辛勤劳动和精心保藏的成果，这对于我国酿酒业，乃至工业微生物的发展有着重要的意义。

1937 年，金培松先生将中国各种酒曲中分离所得的曲霉、根霉及酵母菌进行了观察和分类。秦含章、朱宝镛等酿造专家在此期间也对我国酿酒的传统工艺进行了研究和总结，对发展我国的酿酒工业做出了重要贡献。这些贡献中有一点往往被人忽视，笔者认为却是最重要的。这就是上述我国老一辈的酿造专家，他们在开创酿造工业的科学研究的同时，几乎都将更多的精力投入到培养和教育酿造工业科学技术人才的辛勤工作中，从而为国家培养了一批又一批酿造工业的骨干力量。

这些早期的科学研究，揭示了中国传统的酒曲、酒药的主要成分（包括各种霉菌）及它们在酿造中的主要功能，进一步筛选了一批优良的酿酒菌种，为发展传统的酿酒工艺提供了科学的指导。

在研究和提高酒曲、酒药品种质量的同时，总结和发展了传统的酿酒工艺，特别是黄酒的酿造也从蒸馏酒的生产工艺中汲取了某些经验，进一步掌握了运用糟烧等蒸馏酒来勾兑黄酒的技术，使黄酒的品种质量都有了新的进展。通过竞争和交流，各地先后涌现出一批有地方特色的黄酒品种。这些优质的黄酒虽然大都源远流长，但是它们的风格和特点都是在近代固定下来或发展形成的。有些地方一千多年前就因生产美酒而享有盛名，这是事实，但不能说该地生产的酒一千多年前已具备今天这样的风格和质量，事物总是在不断发展变化的。

酿酒的原料大都是就近取材，自然环境对酿酒工艺有着不容忽视的影响，因此各地所酿的黄酒具有一定的差异是正常的，形成一些区域性的品种也是自然的。总之在近代，各地都有一些深为人们所喜爱的黄酒，它们是长期留传下来的酿酒工艺的结晶，也是黄酒构成中国酒类实体的表现。

第二节　黄酒的定义与分类

黄酒一词从什么时代开始定义为谷物酿造酒的名词，很难确切查考。但自从用曲蘖作为糖化剂进行黄酒酿造开始，注定其酒色是黄色的，因为无论是麦曲还是米曲或红曲，最终呈现的即为黄色。麦曲是麦子表皮的黄色，融入酒液之中，米曲虽有不同颜色，但最为引人注目的当推红曲，红曲酒酿造出来时，具有鲜艳的红色，你甚至不会怀疑还有其他的杂色。但是随着时间的推移，当红曲不稳定的红色褪尽时，呈现在你面前的就是黄色，因为黄色远比红色素来得稳定。所以说谷物发酵酒其本质便是黄色的酒，称黄酒是顺理成章的事。就连广东客家的“珍珠红”，也会因贮存时间的延长而“红色褪尽时，黄色现真容。”

一、部分历史文献中对黄酒的记载

我国最早的诗歌总集《诗经》中就有“瑟彼玉瓒，黄流於中”的诗句，其中“黄流”一词颇多疑惑，根据诗经中的组词，极大多数为单字词，那么前句应该是具有光鲜色彩的玉质手柄，后句中的“黄流”就应该是金色舀酒器中的酒。这里黄流还不能算是黄色的酒，只能算是金质酒器中的美酒。当然，它肯定是中国黄酒的先驱。

汉人刘歆《西京杂记》中引枚乘《柳赋》云：“罇盈缥玉之酒，爵献金浆之醪。”唐诗人王勃《与蜀城父老书》中有：“金浆玉馔，食客三千，绿帻青裳，家僮数百。”荀济《赠阴凉州》诗中有：“玉醴何容歇，金浆应故有。”这里把酒的黄色比喻为金色，其酒也就称为“金浆”了。

最有名的莫过于李白的《客中行》：“兰陵美酒郁金香，玉碗盛来琥珀光。但使主人能醉客，不知何处是他乡。”这里的兰陵美酒，是具有琥珀色的酒液，极大多数琥珀都是黄色的，最多可理解为黄中带红的黄红色。白居易在《尝黄醅新酎忆微之》一诗中也有“世间好物黄醅酒，天下闲人白侍郎”的名句。

宋时陈师道，号后山居士，江西诗派中的重要作家，以苦吟著名。他在《对酒戏作》一诗中就有“乱插酴醿压帽偏，鹅黄酒色映觥船。醺然一醉虚堂睡，顿觉情怀似少年”；另外在《即事》一诗中同样有这样的描述“幽鸟呼人出睡乡，层层露叶漏阳光。临池只欲消残醉，无奈鹅儿似酒黄。”可见淡黄色的酒液是黄酒的原始颜色。在宋代许多地方都有出产金波酒的，如《酒名记》中就有邢州、洪州、明州和合州四个州出产金波酒。最为有名的即是“越州蓬莱，明州金波”并称。元代杂剧《好酒赵元遇上皇》中就有“你教我断了金波绿酿”之句。以后又把金波作为酒的通称。清代李汝珍《镜花缘》中把金波酒列为名酒之一。金波，作为酒名，是最为明白的表述，即酒液似黄金之色。与汉时的“金浆”有异曲同工之妙。

元人段继昌为了表示自己对酒的爱好，把酒称为“黄娇”，认为所饮的酒是一位黄毛丫头。明代的《养余月令》曾提到：“凡黄酒白酒，少入烧酒，则经宿不酸”。后来清代的童岳荐在《调鼎集·贮酒法》中也同样提到这句话，所不同的是将“酸”改成了“坏”，但道理是一样的。这里的黄酒是指经过滤后的清酒液，明显的黄色酒液；白酒并非蒸馏酒，是指未经压滤直接舀来饮用的鲜黄酒，因其酒液为乳白色，故称白酒。这两种发酵的低度黄酒，如长时间敞口存放则易酸变。而加入少许烧酒，提高其酒液中的酒精度，则可使变酸情况推迟，也就是较高的酒精度可抑制黄酒的酸变。这里提到的黄酒可能是较早出现的合并“黄”与“酒”两字为一词“黄酒”的肇端。

我国明代小说名著《水浒传》第十四回中也有这样的描述：“你却不径来见我，且在路上贪这口黄汤，我家中没有与你吃，辱没杀人!”

我国清代黄酒一词的使用就显得较为普遍了，最有代表性的是乾隆二年（1737）清高宗特降谕旨的禁酒令中就有：“只禁烧酒，不禁黄酒”。此时的黄酒与现在的发酵米酒实为同一种酒，且黄酒之词已然明确。1876 年出生于绍兴东浦的周清，是民国时期浙江的农学家，他曾撰写了《绍兴酒酿造法之研究》一书，也可以说是第一部专论绍兴黄酒的专著。这书的开篇“总论”的首句便是：“绍兴酒，一名黄酒，也名王酒。自夏后少康氏发明以来，流传越三千载，推销及数万里。其酿造之精，效用之大，固可为百酒之王也。”说明民国初已将发酵米酒，定名为黄酒。但绍兴的黄酒基本上仍然以属地命名，“绍兴酒”为专用称呼。后来高度的蒸馏酒烧酒，为了与黄酒相对应，便将烧酒这一无色透明的酒称为“白酒”。

二、现今黄酒的确切定义

现在对黄酒的定义，最为权威性的就是国家标准。2008 版黄酒的国家标准（GB/T 13662、GB/T 17946）分别对黄酒与绍兴黄酒进行了定义。

GB/T 13662—2008 中规定黄酒的定义如下：

黄酒、老酒：以稻米、黍米等为主要原料，经加曲、酵母等糖化发酵剂酿制而成的发酵酒。在此前提下又分别定义了三大类型，即传统型黄酒、清爽型黄酒、特型黄酒。

传统型黄酒：以稻米、黍米、玉米、小米、小麦等为主要原料，经蒸煮、加酒曲、糖化、发酵、压榨、过滤、煎酒（除菌）、贮存、勾兑而成的黄酒。

清爽型黄酒：以稻米、黍米、玉米、小米、小麦等为主要原料，加入酒曲（或部分酶制剂和酵母）为糖化发酵剂，经蒸煮、糖化、发酵、压榨、过滤、煎酒（除菌）、贮存、勾兑而成的、口味清爽的黄酒。

特型黄酒：由于原辅料和（或）工艺有所改变，具有特殊风味且不改变黄酒风格的酒。

GB/T 17946—2008 中规定的绍兴酒原产地标志产品的定义如下：

绍兴酒（绍兴黄酒）：以优质糯米、小麦和原产地保护范围内的鉴湖水为主要原料，经过独特工艺发酵酿造而成的优质黄酒。

GB/T 13662—2008 作为全国通用的黄酒标准，它定义了黄酒的总概念，然后根据不同的生产工艺又定义了三个分概念，这样既可照顾不同地区生产不同的黄酒，又为黄酒新产品的开发铺平了道路。只是在定义中某些用词可再推敲。GB/T 17946—2008 为绍兴酒（绍兴黄酒）这一原产地地理标志产品定义了概念。首先，原料必须是优质的糯米与优质的小麦，其次所用的水必须是原产地地理保护范围之内的水源，最后规定了绍兴酒必须具有优质黄酒的特征，是黄酒产品中的优质黄酒。

三、黄酒的分类

黄酒的分类可以国家标准为参照进行。

（一）以工艺不同进行分类

以工艺不同可分为传统型、清爽型与特型。

传统型黄酒是利用谷物为原料，通过传统的酒曲，包括麦曲与酒曲（酒药），经蒸煮、糖化、发酵而成的发酵酒。各地都有代表自己本地特色的传统黄酒品种，如绍兴黄酒、福建老酒、即墨老酒、兰陵美酒、连江元红、兴宁珍珠红、大连老黄酒、藏传青稞酒等都是传统型黄酒，其中以绍兴黄酒为传统型黄酒的代表。

清爽型黄酒是近年来兴起的一个新型黄酒品类，以江苏黄酒为代表。规定其在所用的糖化发酵剂中可以使用利用现代生物技术制成的糖化剂制品酶制剂与发酵的酵母制品，且固形物与氨态氮等指标可比传统型黄酒更低些，对提高出酒率十分有利，且适合现代人豪饮而不易致醉的心理需求。但清爽型中的“清爽”一词很难界定，故不是很科学。

特型黄酒也是近年来兴起的一个黄酒品类，以上海和酒为代表。它规定了在所用的原料与辅料中可部分添加国家规定的药食两用的物质，使黄酒具有添加物特有的风味特征。为黄酒新产品的开发奠定了十分有利的基础。这个产品在黄酒新产品的开发中，占据着极高的比例，有着重要的地位。

（二）以原料不同进行分类

以原料不同可分为稻米型与非稻米型。

国家标准中专门列出了稻米黄酒与非稻米黄酒的不同指标参数。稻米主要指大米，包括糯米、粳米、籼米三大品类；非稻米的情况就比较复杂，生产黄酒的非稻米原料主要指黍米、玉米与青稞，当然也包括粟米、薯类等含淀粉的原料。稻米酒在全国黄酒中占大多数，尤其是南方黄酒基本以大米为主，北方黄酒主要以黍米为主，有少量的玉米与番薯黄酒。

（三）以产品的总糖含量的高低分类

以产品的总糖含量可分为干型、半干型、半甜型与甜型。

国家标准中的干黄酒是指含糖量在15g/L以下的黄酒产品。以绍兴元红酒为代表，但绍兴元红酒量太小，以至于许多消费者不了解这一产品。元红酒会随着人们物质文化水平的不断提高而其地位不断提升。目前追求干酒是大多数理性酒类消费者的选择，葡萄酒就以干而著称于世，如干红葡萄酒、干白葡萄酒，甜葡萄酒、起泡葡萄酒只作为一种花色点缀在葡萄酒品系之中。近来已有不少黄酒生产企业在向干黄酒产品中追求效益。品质出众的优质干黄酒将会是今后黄酒的发展方向。

半干黄酒是酒中含糖量在15.0～40.0g/L的黄酒，是目前中国黄酒产量最大的品种，以绍兴的加饭酒、花雕酒为代表。半干黄酒由于含有一定的糖分，喝起来醇厚柔和，被大多数黄酒消费者所喜爱。

半甜黄酒是酒中含糖量在40.0～100.0g/L的黄酒，是目前中国黄酒中仅次于半干黄酒的品种。传统型代表品种是善酿酒，清爽型黄酒也多采用半甜型。由于半甜黄酒有较高的糖分，可以掩盖酒中的某些不愉快成分，多被一些新产品所应用。

甜型黄酒是以酒中含糖量在100.0g/L以上的黄酒，是黄酒尚未普及地区的主要品种，目前产量与干黄酒差不多，很低。传统型的代表品种是福建龙岩的沉缸酒与绍兴的香雪酒，清爽型为了有清爽的口感，不设甜黄酒。我国的北方，尤其是西北地区黄酒多酿成甜型酒，这与寒冷地区需摄入更多的热量有关。

第三节　黄酒的功能性成分

中国黄酒历来被认为是酒类中最富营养的酒种，黄酒中含有的营养成分原来重点在氨基酸、蛋白质与矿物质上，20世纪60年代国内分析黄酒中含18种氨基酸，日本分析含21种氨基酸；蛋白质以类蛋白质总量分析；矿物质又以钙、铜、铁、锌、镁、硒为主要对象。近年来由于不断引进先进的分析仪器与设备，分析能力大为提高，以古越龙山为代表的黄酒生产企业，加大投入，分析黄酒中的活性成分与功能性成分取得较大的进展。根据江南大学生物工程学院的研究表明，黄酒中能确定的物质已达200余种，而尚有100多种不能十分断定的物质正在研究之中，相信不远的将来一定能全面揭示黄酒营养与功能物质，及其对人体的保健机理。以下根据对古越龙山绍兴酒的分析，对具人体保健功能的有关物质进行简要的重点介绍。

一、丰富的酚类物质

酚类物质具有抗氧化功能，能抑制低密度脂蛋白的形成而有助于防止冠心病、动脉粥样硬化的发生。脂蛋白又称胆固醇。血清中含有的低密度和高密度脂蛋白的含量是一比二。两者都有重要任务：低密度脂蛋白把胆固醇从肝脏运送到全身组织，高密度脂蛋白将各组织的胆固醇送回肝脏代谢。当低密度脂蛋白过量时，它携带的胆固醇便积存在动脉壁上，久了容易引起动脉硬化。因此低密度胆固醇对人的健康有较大的影响。酚类物质还具有清除自由基、抗癌、抗衰老、抗炎病和血小板凝聚的功能。这些酚类物质来自原料（大米、小麦）和微生物（米曲霉、酵母）的代谢，其含量远远超过葡萄酒酚类物质的含量。但是如果大量饮酒，极易由于热能过剩而肥胖，同时肝内合成甘油三酯的量增加，极低密度脂蛋白胆固醇分泌也增多，反而造成高脂血症。所以饮酒关键在于适量，并非由于有营养而过量喝酒。表 1－1 所示为古越龙山陈年黄酒中的酚类物质含量。

表 1－1 古越龙山陈年黄酒中的酚类物质含量 单位：mg/L

种类	含量	种类	含量
儿茶素	4.21	绿原酸	3.23
表儿茶素	1.54	咖啡酸	0.47
芦丁	1.68	*p*－香豆酸	0.14
槲皮素	0.92	阿魏酸	1.56
没食子酸	0.16	香草酸	2.38
原儿茶酸	0.18		

二、含量较高的功能性低聚糖

功能性低聚糖难以被人体消化，在摄入后很少或根本不产生热量，但能被肠道中的有益微生物双歧杆菌利用，促进双歧杆菌增殖，改善肠道的微生态环境，促进 B 族维生素的合成和钙、镁、铁等矿物质的吸收，提高机体免疫力和抗病力，能分解肠内毒素及致癌物质，预防各种慢性病及癌症，降低血清中胆固醇及血脂水平。功能性低聚糖是指对人、动物具有特殊生理作用的单糖数在 2～10 的一类寡糖。目前，功能性低聚糖已被大量地用于各种医药制剂、口服液、保健品和食流汁病人的能源，它是当今食品科学与工程研究领域的前沿，被誉为“21 世纪食品工业的先导”。

具体地说，低聚糖的保健作用主要有：

（1）改善人体内微生态环境，有利于双歧杆菌和其他有益菌的增殖，经代谢产生有机酸使肠内 pH 降低，抑制肠内沙门菌和腐败菌的生长，调节胃肠道功能，抑制肠内腐败物质，改变大便性状，防治便秘，并增加维生素合成，提高人体免疫功能。

（2）低聚糖类似水溶性植物纤维，能改善血脂代谢，降低血液中胆固醇和

甘油三酯的含量。

(3) 低聚糖属非胰岛素所依赖，不会使血糖升高，适合于高血糖人群和糖尿病人食用。

(4) 由于难被唾液酶和小肠消化酶水解，发热量很低，很少转化为脂肪。

(5) 不被龋齿菌形成基质，也没有凝结菌体作用，可防龋齿。在保健食品系列中，也有单独以低聚糖为原料而制成的口服液，直接用来调节肠道菌群、润肠通便、调节血脂、调节免疫等。

古越龙山绍兴黄酒中功能性低聚糖异麦芽糖、潘糖、异麦芽三糖的含量分别为3.14g/L、3.96g/L、0.14g/L。其天然含量是所有酒种中最高的。黄酒中功能性低聚糖较高，与特定的酿造方法有关：一是绍兴酒以糯米为原料，糯米中的淀粉几乎全部是支链淀粉，淀粉酶对支链淀粉分支点（$\alpha-1$，6－糖苷键）往往不易完全切断，在酒中残留的分支低聚糖较多；二是绍兴酒以麦曲为糖化剂，麦曲中微生物分泌的转移葡萄糖苷酶可切开麦芽糖$\alpha-1$，4糖苷键，将葡萄糖转移到另一个葡萄糖或麦芽糖等残基的$\alpha-1$，6键上而形成异麦芽糖、潘糖等异麦芽低聚糖。

三、含重要的抑制性神经递质γ－氨基丁酸

γ－氨基丁酸（GABA）是一种重要的抑制性神经递质，参与多种代谢活动，具有降低血压、改善脑功能、增强长期记忆、抗焦虑、高效减肥及提高肝、肾机能等生理活性。GABA能作用于脊髓的血管运动中枢，有效促进血管扩张，达到降低血压的作用。GABA还能提高葡萄糖磷酸酯酶的活性，使脑细胞活动旺盛，促进脑组织的新陈代谢和恢复脑细胞功能，改善神经机能。日本研究者以富含GABA的食品进行医学试验，结果显示对帕金森综合征、老年痴呆有显著的改善效果。在正常情况下植物体中GABA的含量为3.1～206.2mg/kg，而古越龙山绍兴黄酒中GABA含量高达348mg/L，是富含GABA的保健饮品。酒中GABA来自原料和微生物的合成。目前，全球有关研究者大力投入在粮食类物质中，进行基因改造，促使其GABA含量提高。

四、无可比拟的生物活性肽

近年来的研究表明，以数个氨基酸结合而成的低肽具有比氨基酸更好的吸收性能，而且许多肽具有原蛋白质或其组成氨基酸所没有的生理功能，如促钙吸收、降血压、降胆固醇、镇静神经、免疫调节、抗氧化、清除自由基、抗癌等功能。

活性肽又称多肽，它的奇特在于：

(1) 它有良好的吸收性，吸收效率比氨基酸和蛋白质都高。

(2) 它有独特的生理调节功能，如属于多肽的胰岛素调节血糖就是一个

例子。

(3) 多肽的活性很高，往往很小的量就能起到很大的作用。

古越龙山绍兴黄酒中的肽含量是其他酒种无可比拟的，它的产生主要归因于酿造原料（糯米与小麦）和麦曲、酒药中特有的多种微生物和酶。根据水解前后氨基酸分析结果测得酒中的肽含量列于表1-2。对酒中的肽类组分进行提取纯化和降血压、降胆固醇的体外活性试验，发现酒中含具有活性很强的降血压生物活性肽和降胆固醇生物活性肽，初步鉴定出其组成及序列分别为Gln-Ser-Gly-Pro和Cys-Gly-Gly-Ser。

表1-2　古越龙山酒中肽含量测定结果　单位：g/L

样品	酒样1	酒样2	酒样3
水解氨基酸总量	17.62	22.03	17.11
游离氨基酸总量	3.75	4.48	4.24
肽含量	13.87	17.55	12.87

以上的几类物质是近几年古越龙山与有关高校联合研究的成果，它有助于我们对中国黄酒营养与保健作用认识的提高，也成为宣传与推广中国黄酒较为可靠的理论依据。黄酒中基本成分的分析与研究，在以江南大学为代表的高校中全面展开，2008年国家科委也把黄酒列入重点研究的中国传统项目之一，黄酒的种种活性成分与功能将被揭示。

思考题

一、名词解释

1. 黄酒　　2. 绍兴黄酒

二、简答题

1. 简述酒及黄酒的分类。

2. 试述黄酒的“黄”的含义。

三、问答题

1. 为什么说黄酒是最营养的酿造酒？

2. 黄酒的功能性成分主要有哪些？

第二章 黄酒酿造的原辅材料

黄酒的原料是以粮食为主要原料，包括大米、黍米、玉米、青稞、粟米、稷米、番薯、麦子等。尤其以大米、黍米为主要生产原料的居多。而这些原料要进行黄酒酿造，都必须经过适当的处理，才可能酿出好酒来。

第一节 大 米

一、大米概述

黄酒使用的大米是指糯米、粳米、籼米三大类。大米中直链淀粉的含量是评价黄酒原料蒸煮品质的重要指标。对黄酒酿造来说，大米原料的直链淀粉含量越少越好，以不含直链淀粉的粳糯为最佳原料。大米的颜色主要为乳白色或半透明乳白色，还有黑色的黑米与红棕色的红米，都可用于酿酒。

糯米，米粒较短，一般呈椭圆形。目前也有不少品种采用新培养的高产品种，称杂交糯，米粒呈细长形。由于大米收获时湿度、环境、气候的不同，使糯米米粒的表现色泽有变糯、花糯与阴糯之别。变糯就是糯米呈现的色泽是不透明的乳白色；花糯是部分变为乳白色，部分仍为半透明的玉色；阴糯是没有发生乳白色变化的，具半透明玉色的糯米。糯米由于成熟时间不同与品种不同还分为粳糯与籼糯，酿酒以粳糯为佳，其所含淀粉100%是支链淀粉。而籼糯根据不同品种则含有5%以下的直链淀粉，其所蒸饭的黏性比粳糯稍差些，但也不失为黄酒酿造的较好原料。

粳米，单产量高于糯米，从1957年开始，一些黄酒生产企业就将粳米替代糯米进行黄酒生产。目前以大米为原料的黄酒生产企业除绍兴酒坚持使用糯米外，其他地方的黄酒生产企业为降低成本，提高出酒率大多使用粳米为黄酒的主要原料。粳米的直链淀粉含量平均在（18.4±2.7)%。粳米粒形较粗，一般心白、腹白、背白较少，透明度高，糊化温度低，米粒吸水后或蒸煮后的伸长度大于糯米，小于籼米。直链淀粉含量的多少与米饭的吸水性、膨胀性呈正相关；与软性、黏度、光泽呈负相关。因此，在原料处理、操作事项、配方比例上都必须要有所考虑，以达到最佳的控制质量。

籼米、粳米、糯米的物理性质比较见表2－1。

表2－1 籼米、粳米、糯米的物理性质比较表

名称	籼米	粳米	籼糯	粳糯
米粒形状	长而窄	椭圆	长椭圆	椭圆
体积质量/（g/L）	780	800	—	798～823
出糙米率/%	71～79	74～82	70～78	73～81
腹白度	大	小	少数或没有	少数或没有

续表

名称	籼米	粳米	籼糯	粳糯
透明度	半透明	透明或半透明	变元不透明	变元不透明
膨胀性	大（1:3）	中（1:2.5）	小（1:1.8）	小（1:1.8）
黏性	小	中	大	大
色泽	灰白无光	蜡白有光泽	蜡白或乳白	蜡白或乳白
沟纹	稍明显	明显	不明显	—
出饭率	1:(1.5~1.6)	1:(1.3~1.4)	1:(1.2~1.3)	1:1.2

籼米，在国家改革开放以前，其亩产量是所有水稻品种中最高的，也是当时人们最重要的食粮品种。因为籼米质地疏松，透明度低，碾米时容易破碎，且所含的直链淀粉在24.0%~25.0%是三大类米中最高的，使其在蒸煮后易于老化，部分淀粉不易糖化与发酵。又因这些不易糖化与发酵的淀粉，易被一些嫌氧细菌利用，增加黄酒的酸度，给酒带来负面影响，所以现在在黄酒生产中用于主原料的越来越少。

籼米、粳米、糯米遇碘液的呈色鉴别表见表2-2。

表2-2　籼米、粳米、糯米遇碘液的呈色鉴别表

品名	热水溶解度	遇碘呈色反应	直链淀粉含量/%
籼米	慢	蓝	20~28
粳米	中	深蓝	13~18
糯米	快	红褐（紫红）	0~5

水稻与大米的形状见图2-1。

图2-1　水稻与大米的形状

二、大米结构与成分

（一）大米的结构

稻谷加工脱壳后成为糙米，糙米由四部分组成，如图2-2所示。

1. 谷皮

谷皮由果皮、种皮复合而成。谷皮的主要成分是纤维素、灰分，不含淀粉。果皮的内侧是种皮，种皮含有大量的有色体，决定着米的颜色。谷皮包围着整个米粒，起着保护作用。

2. 糊粉层

种皮以内是糊粉层，与胚乳紧密相连。它含有丰富的蛋白质、脂肪、灰分和维生素。糊粉层占整个谷粒的质量分数为4%～6%。常把谷皮和糊粉层统称为米糠层。米糠含有20%～21%的脂肪，可提取糠油。脂肪，蛋白质含量过多，有损于黄酒的风味，当贮存时间长时，脂肪会被氧化，产生油腻味，因而要尽量采用新米来酿酒为宜。

3. 胚乳

胚乳位于糊粉层的内侧，是米粒的最主要部分。其质量约为整个谷粒的70%左右。胚乳由淀粉细胞构成，细胞内充满着大小不同的淀粉颗粒，颗粒与颗粒之间有贮藏蛋白质充填，蛋白质多，胚乳结构紧密坚硬，呈透明状；蛋白质少，胚乳结构疏松，呈粉质状。一般粉质状部分大多位于米粒的腹部（俗称腹白），淀粉分子大，相对密度也大。米粒饱满、相对密度大的米，淀粉含量也高。大米中一般除掉胚及糊粉层以后基本上就是胚乳了。

4. 胚

胚位于米粒的下侧端，占整个谷粒质量的2%～3.5%，是米生理活性最强的部分，含有丰富的蛋白质、脂肪、糖分和维生素等。带胚的米易变质，不宜久贮。胚在米粒精白时可除去。

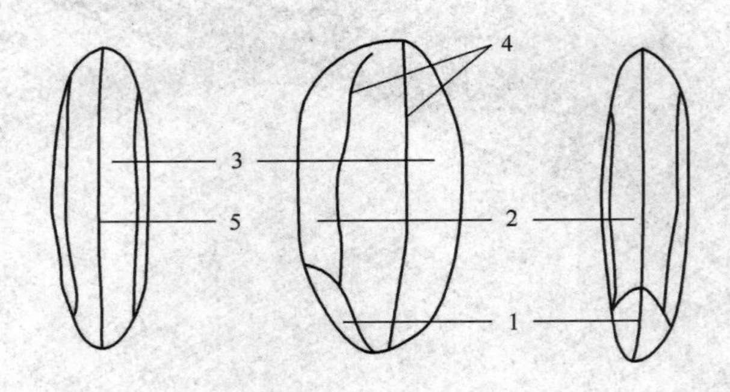

图2-2 大米的结构

1—胚 2—腹部 3—背部 4—米沟 5—米背沟

（二）大米的物理性质

1. 外观、色泽、气味

各种米类都有其自然的色泽和气味。正常的大米有光泽，无不良气味。特殊的品种，如黑糯、血糯、香粳等，有浓郁的香气和鲜艳的色泽。大米的成熟度不够，米粒中含有叶绿素而使米发青。收割或贮存条件差，米会发黄变褐，并会污染上黄曲霉毒素。色变导致米中氨基酸、还原糖被消耗，蛋白质的溶解性、消化率变差，精碾发生困难，香味和食味都起着不良变化。谷物应在收割后及时晒干，低温干燥贮藏，以防止色变。通过精碾，可除掉80%～90%的黄曲霉毒素。

2. 粒形、千粒重、相对密度和体积质量

一般大米粒长约5mm，宽3mm，厚2mm，粳米长宽比小于2，籼米长宽比大于2。大米的千粒重一般为20～30g，大于26g的为大粒米。短而圆的米粒出米率高，破碎率低。凡充分成熟的米，粒大饱满，适于酿酒。大米的相对密度在1.40～1.42，一般粳米的体积质量为800kg/m^3，籼米的体积质量约为780kg/m^3。

3. 心白和腹白

在米粒中心部位有白色不透明的部分是心白；若白色不透明部分在米的腹部边缘是腹白。心白米是由于发育条件良好，粒子充实而形成的，故米粒内含物丰富。心白部分是淀粉少的柔和部分，它的周围是淀粉多的坚硬部分，软硬连接处孔隙多，吸水好，酶易渗入，容易糊化、糖化，酿酒要选用心白多的米，腹白米强度低，易碎，精白时出米率低。

4. 米粒强度

米粒强度可用硬度计测定。含蛋白质多、透明度大的米强度高，通常粳米比籼米强度大，水分低的比水分高的强度大，晚稻比早稻的强度大。

（三）大米的化学成分

1. 水分

一般谷物含水在13.5%～14.5%，不得超过15%，含水量过大易霉变。

2. 淀粉及糖分

糙米含淀粉约70%，精白米含淀粉约78%，淀粉含量随精白而提高，应选用淀粉含量高的米酿造黄酒。大米中还含有0.37%～0.53%的糖分，其中还原糖极少。

3. 蛋白质

糙米含蛋白质7%～9%，白米含蛋白质5%～7%，主要是谷蛋白，蛋白质经酶的分解，提供给酵母作营养。在发酵时，一部分氨基酸转化为高级醇，构成黄酒的香气成分，其余部分留在酒液中形成黄酒的营养成分。蛋白质含量过高，使酒的酸度容易升高，使酒的风味变差，酒的稳定性也受到影响。

4. 脂肪

脂肪主要分布于糠层中，其含量为糙米质量的2%左右，含量随米的精白而

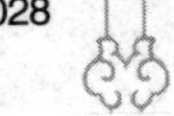

减少。大米脂肪多为不饱和脂肪酸，容易氧化变质，影响风味，故大米不宜久贮。类脂占全脂的5%～20%，主要在米糠中。

5. 纤维素、灰分、维生素

精白大米纤维素含量仅0.4%，灰分0.5%～0.9%，主要是磷酸盐。维生素主要分布于糊粉层和胚。以水溶性的B族维生素为最多，也含有少量的维生素A。

（四）大米的特点

凡是大米都能酿酒，其中以糯米最好。目前除糯米外，粳米、籼米也常作为黄酒酿造的主要原料。

1. 糯米

糯米分粳糯、籼糯两大类。粳糯的淀粉几乎全部是支链淀粉，籼糯含有0.2%～4.6%的直链淀粉。支链淀粉结构疏松，易于蒸煮糊化；直链淀粉结构紧密，蒸煮时需消耗的能量大，吸水多，出饭率高。

选用糯米生产黄酒，除应符合米类的一般要求外，还须尽量选用新鲜糯米。陈糯米精白时易碎，发酵较急，米饭的溶解性差；发酵时所含的脂类物质因氧化或水解转化成异臭味的醛酮化合物；浸米浆水常会带苦而不宜使用。尤其要注意糯米中不得混有杂米，否则会导致浸米吸水、蒸煮糊化不均匀，饭粒返生老化，沉淀生酸，影响酒质，降低出酒率。

2. 粳米

粳米亩产高于糯米。粳米含有15%～23%的直链淀粉。直链淀粉含量高的米粒，蒸煮时饭粒显得蓬松干燥，色暗、冷却后变硬，熟饭伸长度大。在蒸煮时要喷淋热水，使米粒充分吸水，糊化彻底，以保证糖化发酵的正常进行，

粳米中直链淀粉含量多少与品种有关，受种子的遗传因子控制，此外，生长时的气候也有影响。

3. 籼米

籼米粒形瘦长，淀粉充实度低，精白时易碎。它所含直链淀粉比例高达23%～35%。杂交晚籼米可用来酿制黄酒，早、中籼米由于在蒸煮时吸水多，饭粒干燥蓬松，色泽暗，淀粉容易老化，出酒率较低。老化淀粉在发酵时难以糖化，而成为产酸细菌的营养源，使黄酒酒醪升酸，风味变差。

直链淀粉的含量高低直接影响米饭蒸煮的难易程度，我们应尽量选用直链淀粉比例低，支链淀粉比例高的米来生产黄酒。

第二节　其他原料

酿造黄酒除大米以外的主要原料是黍米，其次是青稞与玉米，少量使用稷米、粟米与番薯等杂粮。

一、黍米

（一）概述

黍米（图2－3），俗称大黄米，或黄米，是禾本科植物，叶子线形，子实淡黄色，去皮后是色泽光亮、颗粒饱满的金黄色米粒。比粟米大，故称黄米或大黄米，以示与粟米（小米）的不同。黍和粟是我国栽培最早的谷类之一，1889年才传到美洲，是我国北方人民喜爱的主食，并且都能酿酒和制作糕点，但亩产都较低，故长期供应不足。山东省的即墨黍米黄酒和兰陵美酒，及北方大部分地区酿制的黄酒，都是以黍米为原料的。

(1)成熟的谷子　(2)脱粒后的谷子　(3)谷子脱壳后的黍米

图2－3　谷子与黍米

黍米是北方黄酒酿造的主要原料。山东、辽宁、甘肃所生产的黄酒多使用黍米为原料，如山东的即墨老酒、兰陵美酒、辽宁的大连老黄酒、甘肃的五山池黄酒等都以黍米为主要酿酒原料。

黍米因品种不同，其作为酿酒原料的品质也就很不一样。为直观鉴别黍米，一般先从黍米的颜色入手，黍米有黑脐黄色、白色、梨色三种。其中以大粒黑脐黄色黍米为最好，又称“龙眼黍米”或“黄黏米”，其淀粉是100%的支链淀粉，与大米中的粳糯米相似。这种米糯性好，蒸煮时易糊化。另外在外观上光泽度高的黍米为好米，是新米，用来酿酒会增加一定的香味。

鉴别黍米的水分高低，有两种直观手段。一是拿一把用手用力一捏，如相当的滑溜，迅速从指缝中散开撒下，则水分是比较低的。水分较高的黍米会在抓捏时有黏滞感，有明显的不滑手感。二是用牙咬，由于黍米外皮较大米厚，一般符合标准要求的黍米咬时能感觉得到干脆的碎裂，但其声音没有大米那么明显。如果水分较高，则咬时没有碎裂感，会感觉到上下牙挤压变形后再碎开来的软米感。通过直观判断再加上理化分析，这样才能保证所用原料的质量要求。直观判断是第一步检验，决定了是否要进入下一步的水分分析。水分分析是原料接收与否的依据，两者相辅相成。

谷子与黍米的形状见图2－3。

(二) 结构与成分

1. 结构

黍米种植时，北方称谷子，收获时谷子呈泪珠形，谷壳具有光泽，去壳后，米在胚处外凸，且呈沟形，黍米主要由表皮、胚与胚乳组成，其糊粉层很少。

(1) 表皮　其实就是黍米最外层的淀粉质，但其结构的致密程度要大大高于内部的淀粉致密度，故在浸米时要先用热水进行烫米，使表皮膨胀疏松，易于内部淀粉的吸水。

(2) 胚　黍米的胚较大，占整米的10%以上，含丰富的维生素、氨基酸和蛋白质，是人体所需要的，但会给所酿的酒带来不好的风味。

(3) 胚乳　黍米的胚乳中主要是淀粉，但淀粉间隙中有少量蛋白质存在，所以从营养成分上来说，黍米所含的营养物质，尤其是维生素、氨基酸、蛋白质的含量都要超过大米与玉米。

黍米的结构见图2－4。

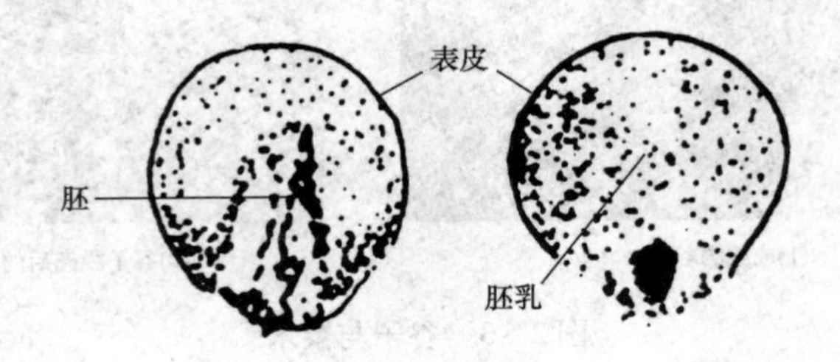

图2－4　黍米的结构

2. 黍米的物理性质

黍米的物理性质主要指黍米的千粒重、体积质量，见表2－3。

表2－3　黍米的物理性状

黍米		质量/g
容重/L	振荡前	740.7～788.2
	振荡后	777.2～820.6
千粒重		359.2～427.6

GB/T 13356—2008《黍米》中的黍米按加工精度分等级，等级指标及其他质量指标见2－4。

表2－4　黍米等级指标及其他质量指标

等级	加工精度/%	不完善粒/%	最大限度杂质/%			碎米/%	水分/%	色泽气味
			总量	其中矿物质	黍粒			
1	≥80.0	≤2.0	≤0.5	≤0.02	≤0.2	≤6.0	≤14.0	正常
2	≥70.0	≤3.0	≤0.7		≤0.4			
3	≥60.0	≤4.0	≤1.0		≤0.7			

3. 黍米的化学成分

黍米的化学成分主要指水分、蛋白质、脂肪、粗纤维、糖分、淀粉与灰分，具体见表2－5。

表2－5　黍米的化学成分

项目	成分/%
水分	10.29～10.89
粗蛋白质	8.76～9.77
脂肪	1.32～2.50
粗纤维	0.57～1.16
糖分	0.72～1.24
糊精	2.84～3.67
淀粉	70.56～73.25
灰分	1.02～1.34

4. 黍米的特点

黍米本身因品种不同，对出酒率有很大的影响。黍米从颜色来区分大致分为黑色、白色、梨色（黄油色）三种。其中以大粒黑脐的黄色黍米的品质最好，即墨黄酒就习惯选用大粒黑脐的黄色黍米（俗称龙眼黍米，又称黄色黏米，黑脐是指胚部而言），蒸煮时容易糊化，是黍米中的糯性品种。白色黍米和黄油黍米是粳性品种，米质较硬，蒸煮困难，必须调整生产工艺，否则易导致发生硬心未蒸透的黍米粒，发酵时糖化和发酵效率低，并悬浮在醅液中影响出酒率和增加酸度，从而影响酒的品质。

黍米成品粮含有较多的维生素，尤其是B族维生素含量较高，其维生素A含量也达到1500IU左右，色氨酸、甲硫氨酸等必需氨基酸含量很高（每100g黍米含色氨酸192mg，含甲硫氨酸297mg），比大米、玉米、高粱或小麦粉都高。

蛋白质含量为9.76%~9.77%，比大米和玉米的蛋白质含量还要高。

二、玉米

玉米是我国北方的主要粮食作物之一，与大米、小麦并列为世界三大粮食作物。

（一）玉米概述

玉米又名玉蜀黍、苞米、珍珠米、苞谷等，种类很多，分为普通玉米、甜玉米、硬玉米、软玉米、黏玉米等。玉米粒的组织情况依品种的不同而有差异，颗粒结构包括果皮、种皮、糊胶粒层、内胚乳、胚体或胚芽、实尖等6个基本部分。玉米的化学成分因品种、气候、土壤的不同而差异较大。玉米除淀粉含量稍低于大米外，蛋白质与脂肪含量都超过大米，特别是脂肪含量丰富。

玉米淀粉与糯米等淀粉是不同的，除含有支链淀粉外，还含有20%以上的直链淀粉。直链淀粉颗粒坚硬，凝沉性强，不易溶于水，不易熟化，易回生老化，这也是玉米淀粉的特性。这些特性对酿制黄酒造成很多困难。在浸渍时，水不易渗入内部，不易吸水膨胀，难以浸透渍软，进而影响蒸煮，在蒸煮时，蒸汽不易穿入内部，淀粉颗粒不易解体，难以蒸透蒸熟，易夹生，蒸熟后遇冷又易回生老化变硬；在糖化与发酵时，糖化酶难以伸入淀粉颗粒内部与淀粉分子充分接触，糖化不彻底，酵母发酵难于充分进行，而有利杂菌繁殖，发生酸败。所以，在用玉米原料酿制黄酒时，就必须用特有的工艺技术条件与设备。

玉米品种中，唯一全部是支链淀粉的是糯玉米，由于外观无光泽呈蜡质，又称蜡质玉米。是酿酒的好原料，产量偏低，其品种有烟糯5号，鲁糯1号，苏糯1号等。

（二）结构与成分

1. 结构

玉米的籽粒由胚乳、胚芽和表皮三部分组成。主要成分是淀粉，占籽粒总重的87%~88%（以干基计），其次是蛋白质、脂肪、纤维等物质，含水量一般为14%~15%。玉米的植物学结构与小麦相似，籽粒颜色变化较多，从白色到黑褐色或紫红色，可能是纯色的，也可能是杂色的，白色或黄色是最普遍的颜色。皮层占籽粒的5%~6%，胚较大，占籽粒的10%~14%，其余部分为胚乳。

玉米与玉米粒的结构如图2-5所示。

玉米中有少许品种，几乎不含直链淀粉，称糯玉米，是酿酒的最好品种，但产量较低。

玉米中的淀粉含量比大米的淀粉含量低7%~8%，必然导致出酒率低，另外，玉米中的蛋白质含量高，在发酵过程中，蛋白质可转化成高级醇等物质，脂肪可转化成高级脂肪酸酯、丙烯醛等物质，这些物质过多，使酒有异杂气味，冲辣而不协调，在低温下又易浑浊沉淀，影响酒的质量，因而，以玉米酿制黄酒应

(1) 玉米株

(2) 玉米粒

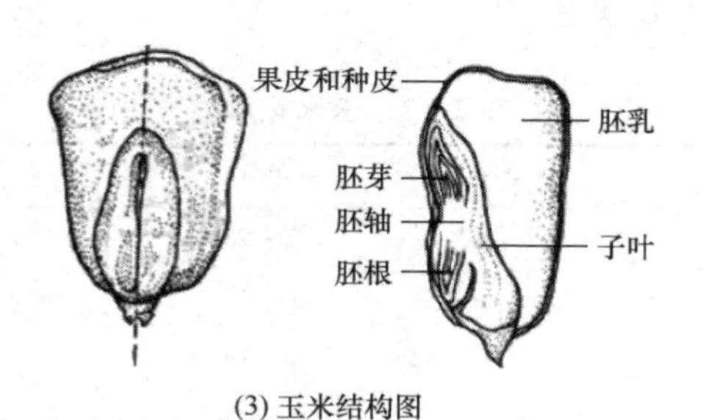

(3) 玉米结构图

图 2－5　玉米

图中的胚芽、胚轴、胚根与子叶合称胚

设法降低其蛋白质和脂肪的含量。所以在酿酒前，应将玉米进行脱皮脱脐（胚芽）处理，从而使酿制黄酒原料部分（主要为胚乳部分）的淀粉含量相对提高，蛋白质和脂肪含量相对降低。

2. 物理性质

（1）分类　按 GB 1353—2009《玉米》规定，我国玉米根据种皮颜色分为三类：

①黄玉米：种皮为黄色，或略带红色的籽粒不低于 95% 的玉米。

②白玉米：种皮为白色，或略带淡黄色或略带粉红色的籽粒不低于 95% 的玉米。

③混合玉米：不符合黄玉米或白玉米要求的玉米。

另外，按玉米的粒型也可将玉米分为马齿型、硬粒型、中间型、硬偏马型和马偏硬型五种类型。

（2）物理性状　玉米的物理性状参照GB 1353—2009《玉米》，见表2－6。

表2－6　玉米的物理性状

<table>
<tr><th rowspan="2">等级</th><th rowspan="2">体积质量/（g/L）</th><th colspan="2">不完善粒含量/%</th><th rowspan="2">杂质含量/%</th><th rowspan="2">水分含量/%</th><th rowspan="2">色泽、气味</th></tr>
<tr><th>总量</th><th>其中：生霉粒</th></tr>
<tr><td>1</td><td>≥720</td><td>≤4.0</td><td rowspan="6">≤2.0</td><td rowspan="6">≤1.0</td><td rowspan="6">≤14.0</td><td rowspan="6">正常</td></tr>
<tr><td>2</td><td>≥685</td><td>≤6.0</td></tr>
<tr><td>3</td><td>≥650</td><td>≤8.0</td></tr>
<tr><td>4</td><td>≥620</td><td>≤10.0</td></tr>
<tr><td>5</td><td>≥590</td><td>≤15.0</td></tr>
<tr><td>等外</td><td><590</td><td>—</td></tr>
</table>

注：“—”为不要求。

3. 化学成分

玉米的化学成分见表2－7。

表2－7　玉米化学成分表　　单位：%（质量分数）

成分	范围	平均值
水分	7～23	15
淀粉	64～78	70
蛋白质	8～14	9.5～10
脂肪	3.1～5.7	4.4～4.7
纤维	1.8～3.5	2～2.8
半纤维		5～6
灰分	1.1～3.9	1.3
糖分	1.5～3.7	2.5

4. 特点

（1）原始含水量高，成熟度不均匀　玉米的生长期长，我国主要玉米产区在北方，收获时天气已冷，加之果穗外面有苞叶，在植株上得不到充分的日晒干燥，故原始含水量较大，新收获的玉米未脱粒前水分往往为20%左右。

（2）胚部很大，吸湿性强　玉米的胚部很大，几乎占整个籽粒体积的1/3，占籽粒质量的8%～15%。压胚中含有30%以上的蛋白质和较多的可溶性糖，故吸湿性强，呼吸旺盛。正常玉米的呼吸强度比正常小麦的呼吸强度大8～11倍。另外胚部含脂肪多，容易酸败；由于玉米胚部营养丰富，微生物附着量大，容易霉变。酿酒企业用于酿酒原料的最好是脱皮、脱胚后的玉米糁，这样容易保存。目前也大多采用这一办法，企业不再自行贮存玉米粒。

三、青稞

青稞是我国藏区人民对当地裸大麦的俗称，在其他地区也称为大麦、米大麦、裸麦、元麦，属禾本科植物，是大麦的一个变种，现国家标准把其称为米大麦。青稞主要分布于西藏、青海、四川、云南、甘肃等地区。青稞是一种很重要的高原谷类作物，耐寒性强，生长周期短，高产早熟，适应性广。

（一）青稞概述

青稞成熟后种子与籽壳分离，容易脱落成裸粒，种皮有灰白色、灰色、紫色、紫黑色等。青稞的结构分为谷皮、糊粉层、胚乳、胚芽和胚轴。其中谷皮主要由纤维素和半纤维素组成，胚芽和胚轴中含有丰富的维生素和无机盐。青稞富含淀粉、蛋白质，是良好的酿酒原料，和其他酿酒原料相比，青稞的蛋白质含量较高，它的分解产物可被微生物利用，使微生物生长良好，并可丰富青稞红酒的香味物质。但用青稞原料酿酒，应从工艺方法上适当抑制蛋白质的大量分解，以降低酒中杂醇油的含量，同时由于青稞含蛋白质丰富，投产后酒醅容易发黏，这是煮粮时首先要解决的问题，此外，青稞原料玻璃质粒比较大，质地坚硬，淀粉利用困难，生产时最好要采用生物酶法与多菌种发酵以提高淀粉利用率。

（二）结构与成分

1. 结构

青稞的结构如图 2－6 所示。

2. 物理性质

GB 11760—2008《裸大麦》中，青稞分冬播与春播两类，但质量要求相同。其物理性质与质量等级指标见表 2－8。

表 2－8　青稞的物理性质与质量等级

等级	体积质量/(g/L) 最低指标	不完善粒/%	杂质/% 总量	杂质/% 其中矿物质含量	水分/%	色泽、气味
1	760	6.0	1.0	0.5	13.0	正常
2	740					
3	720					
4	700					
5	680					

3. 化学成分

青稞由于产地不同，其所含成分差别较大，这里引用西南农业大学食品科学学院臧靖巍等人的研究成果，见表 2－9。

(1) 青稞穗

(2) 蒸煮后的青稞

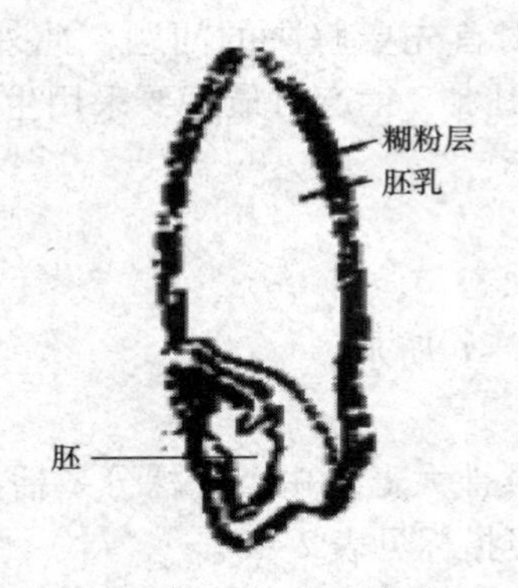

(3) 青稞（米大麦）结构简图

图2－6　青稞

表2－9　青稞化学成分表

<table>
<tr><th>产地</th><th>蛋白质/%</th><th>淀粉/%</th><th>赖氨酸
/（mg/L）</th><th>粗脂肪
/（mg/L）</th><th>β－葡聚糖
/（mg/L）</th></tr>
<tr><td>西藏</td><td>9.3</td><td>55.97</td><td>3.6</td><td rowspan="2">2.13</td><td rowspan="2">5.25</td></tr>
<tr><td>青海</td><td>13.08</td><td>51.15</td><td>4.69</td></tr>
</table>

4. 特点

（1）青稞是大麦的一种变种，具有大麦的基本特点。蛋白质含量较高，淀粉含量相对较低，因此出酒率比大米、黍米类原料要低。因含较高蛋白质，除传统酿造时使用传统用曲外，大多工艺在生产时要添加一定量的蛋白酶，以帮助水

解蛋白，防止因蛋白含量过高在商品酒中产生过多的沉淀。

（2）青稞因颗粒较大米、黍米大，蒸煮时要考虑多次喷水与延长蒸煮的时间。

（3）青稞呼吸较旺，要注意仓库的干燥与通风，防止原料的发热长霉。

第三节　辅料小麦

一、小麦概述

（一）小麦分类

按 GB 1351—2008《小麦》规定：我国小麦根据皮色、粒质分为五类。

（1）硬质白小麦　种皮为白色或黄白色的麦粒不低于 90%，硬度指数不低于 60 的小麦。

（2）软质白小麦　种皮为白色或黄白色的麦粒不低于 90%，硬度指数不高于 45 的小麦。

（3）硬质红小麦　种皮为深红色或红褐色的麦粒不低于 90%，硬度指数不低于 60 的小麦。

（4）软质红小麦　种皮为深红色或红褐色的麦粒不低于 90%，硬度指数不高于 45 的小麦。

（5）混合小麦　不符合上述规定的小麦。

（二）质量标准

各类小麦质量标准见表 2－10，其中体积质量为定等指标，3 等为中等。

表 2－10　小麦质量标准

<table>
<tr><th rowspan="2">等级</th><th rowspan="2">体积质量/（g/L）</th><th rowspan="2">不完善粒/%</th><th colspan="2">杂质/%</th><th rowspan="2">水分/%</th><th rowspan="2">色泽气味</th></tr>
<tr><th>总量</th><th>其中：矿物质</th></tr>
<tr><td>1</td><td>≥790</td><td rowspan="2">≤6.0</td><td rowspan="6">≤1.0</td><td rowspan="6">≤0.5</td><td rowspan="6">≤12.5</td><td rowspan="6">正常</td></tr>
<tr><td>2</td><td>≥770</td></tr>
<tr><td>3</td><td>≥750</td><td rowspan="2">≤8.0</td></tr>
<tr><td>4</td><td>≥730</td></tr>
<tr><td>5</td><td>≥710</td><td>≤10.0</td></tr>
<tr><td>等外</td><td><710</td><td>—</td></tr>
</table>

注：“—”为不要求。

小麦赤霉病粒最大允许含量为 4.0%，单立赤霉病项目，按不完善粒归属。小麦赤霉病粒超过 4.0% 的，不能作为黄酒麦曲的制作原料。使用前，最好要进行分级，将病粒去掉。

正常的小麦籽粒随品种不同而具有其特有的颜色与光泽。如硬麦的色泽有琥珀黄色、深琥珀色和浅琥珀色；软麦除了红、白两个基本色泽外，红软麦的色泽还有深红色、红色、浅红色、黄红色和黄色等。但在不良条件的影响下就会失去光泽，甚至改变颜色。

引起麦粒色泽异常的原因主要有：小麦晚熟，使籽粒呈绿色；受小麦赤霉病菌的侵染，麦粒颜色变浅，有时略带青色，严重时胚部和麦皮上有粉红色斑点或黑色微粒，贮藏时间过久，色泽变得陈旧；受潮会失去光泽、稍带白色；发生霉变，麦粒上出现白色、黄色、绿色和红色斑点，严重的则完全改变其固有颜色，成为黄绿、黑绿色等。

正常的麦粒具有小麦特有的香味，如果气味不正常，说明小麦变质或吸附了其他有异味的气体。引起小麦气味不正常的主要原因有：发热霉变，使小麦带有霉味；小麦发芽，带有类似黄瓜的气味；感染黑穗病，散发类似青鱼的气味；包装和运输工具不干净，使小麦污染后带有煤油、卫生球或煤焦油等气味。

正常小麦的表面光滑并富有光泽，贮藏时间过长、发热霉变或受潮的小麦，表面会失去光泽而出现各种色泽的斑点，使表面的光滑度变差。麦粒的表面状态，对于小麦的体积质量具有决定作用。粗糙的、表面有皱纹和摺痕的麦粒，体积质量就比表面光滑的麦粒小。

对于色泽、气味不正常的小麦，生产中要采取相应措施，确保用作麦曲的小麦麦粒是正常有光泽的，光泽是分辨小麦是否是新麦的一个最为重要的标志。

二、结构与成分

（一）结构

小麦籽粒由皮层（麸皮）、胚和胚乳三部分所组成，如图2－8 所示。麦粒顶端生有茸毛，称麦毛，背部隆起，呈弓形背部的下端有胚腹部扁平，中间凹陷，称为腹沟。麦粒的外表形状呈椭圆形或卵圆形，横断面近似心脏形。大粒小麦和接近球形的小麦的淀粉含量高，出粉率也较高。麦粒的充实度，表示它的饱满程度，饱满的麦粒中胚乳所占的比例大，含粉率高，不充实和不成熟的小麦均属劣质麦。麦粒的大小一致的程度，称为均匀度，均匀度高则对除杂和加工有利。

1. 皮层（麸皮）

皮层共分六层，其中表皮、外果皮、内果皮、种皮及珠心层含粗纤维较多，人体难以消化吸收；而糊粉层有较丰富的营养价值，其质量占皮层的 40% ~ 50%；整个皮层质量为小麦质量的 14.5% ~18.5%，通常在 16.4% 左右。皮层里面的淀粉质就是胚乳。

2. 胚

小麦中胚的含量为2% ~3.9%，胚中含大量脂肪以及较多的蛋白质、糖和维

生素，生理活性最高的 α－维生素 E 含量高达 167～320mg/kg，麦胚油是优质的食用油。

3. 胚乳

胚乳占小麦质量的78%～84%，由于胚乳组织紧密程度不同，呈角质或粉质的数量不一，形成小麦质地有软有硬。南方所产小麦多半为软质麦，北方则硬质麦较多。

4. 外形

麦粒尖端还有少许的麦纤毛，腹部有一条较深的沟，沟两边突出的称为果颊，背部底端的胚芽很明显（图 2－7）。

图 2－7　小麦株与小麦的形状

小麦的外形结构图见图 2－8。

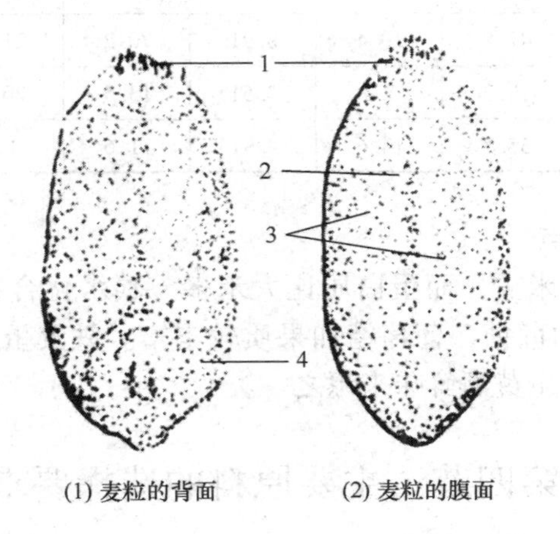

图 2－8　小麦的外形结构图

1—麦纤毛　2—腹沟　3—果颊　4—胚（芽）

（二）物理性质

小麦的物理特性有体积质量、千粒重、散落性、自动分级性及结构力学等性质。

体积质量是检查麦粒饱满充实程度的指标，体积质量越大，质量越好，淀粉和蛋白质含量较高，皮层（麸皮）含量相对较低。体积质量以 g/L 或 kg/m^3 表示，我国净麦的体积质量一般为 705 ~ 810g/L。

千粒重是指一千粒小麦的质量，千粒重大，则小麦的颗粒大，含胚乳多，品质好。但千粒重受小麦水分影响很大，水分含量高则千粒重大，因此应注明含水分量或折成干基。我国的小麦千粒重一般为 17 ~ 41g。

散落性是指小麦自粮堆向四面流开的性质，随麦粒的水分和外表性状而变化。小麦的自流角，对木材为 29 ~ 33 度，对钢板为 27 ~ 31 度。这两项与选择决定溜管的输送角度和溜筛的斜度有关。自动分级性和结构力学性质与制酒关系不大。

（三）化学成分

小麦粒由 78% ~ 84% 胚乳，2% ~ 3% 胚，5% ~ 18% 组成皮层（麸皮）。全小麦的蛋白质有 72% 存在于胚乳中，麸皮部分占 20%，胚仅占 8%。各部分的分析值见表 2 – 11。

表 2 – 11　小麦各部分的分析值　　单位：干基/%

		各部分质量分数	蛋白质	脂肪	灰分	淀粉	聚戊糖	糖	残留无氮物
全粒大麦		100	17.7	2.2	2.14	61.3	6.0	3.0	7.9
胚乳部	内部	63.3	16.4	1.0	0.49	77.1	1.8	1.4	1.6
	中部	8.4	38.5	4.4	2.38	—	5.3	4.0	7.4
	外部	9.7	42.8	10.4	8.91	70.2	21.2	13.0	33.5
麸皮		16.4	19.3	5.3	7.51	13.5	20.9	6.4	27.2
胚芽		2.2	35.7	14.6	4.91	11.6	4.3	19.2	9.7

（四）小麦的特点

小麦含淀粉比大米少，而蛋白质比大米多。碳水化合物中还含有 2% ~ 3% 的糊精和 2% ~ 4% 的蔗糖，葡萄糖和果质较丰富。麸胶蛋白质中的氨基酸以谷氨酸为最多，它是产生黄酒鲜味来源之一。

第四节　主要原料的选择要求

黄酒原料的选择，最好选用含支链淀粉高的原料，100% 支链淀粉的原料是最好的原料。如大米中的粳糯，黍米中的龙眼，玉米中的蜡玉米等。其他原料中或多或少地含一些直链淀粉，对酒的口感有一定的影响。

一、大米的选择与要求

为了保证黄酒生产的产量和质量，应选用大粒、软质、心白多、淀粉含量高的米作原料。

首选含支链淀粉高的大米，选用优质大米的要求是：

（1）精白度高，米色洁白均匀，颗粒饱满，碎米，杂质少，混入粳米率低。

（2）水分较低，吸水性好，淀粉易膨胀，利于糖化发酵。

（3）蒸煮后气味良好，饭质软糯，黏度高，蒸饭易熟透，糖化容易。

二、黍米的选择与要求

黍米是北方的主要粮食作物，尤其是黄米，因为其糯性好，黏性大，是北方习惯用来做糕点的原料，尤其是黑脐大粒的黍米，其支链淀粉的含量为100%，是酿酒的最好原料。选用黍米的要求是：

（1）最好选用当年的加工米，即已经去壳的米。如果是谷子，则要求有脱壳的砻谷机与碾米机，米中的胚去除得越多越好。

（2）水分要在符合标准的前提下，尽可能低一点，因为黍米营养成分高，易受潮变质。

（3）要选择有光泽的，颗粒大而整齐的，米色金黄的，且含杂质少的黍米。

三、制曲小麦的选择要求

制曲是为了培养有益于酿酒的微生物，获得各种有益的酶，故应尽量选用当年产的红色软质小麦，且冬小麦比春小麦好，春小麦易生虫。一般要求的标准是：

（1）麦粒完整、颗粒饱满、粒状均匀，无霉烂、无虫蛀、无农药污染。

（2）干燥适宜、外皮薄、呈淡红色，两端不带褐色的小麦为好。

（3）选用当年产的小麦，不可带特殊气味。

（4）麦粒饱满、粒度均匀，品种大体近似。

（5）尽量不含秕粒、尘土和其他杂质。

（6）防止混入毒麦（黑麦属恶性杂草籽，比小麦瘦小，含毒麦碱，会引起急性中毒，可采用筛选或用漂浮法，将毒麦除净，然后使用）。

第五节　大米原料的处理

中国黄酒的原料处理较为随意，没有刻意地去选择与加工，这与酿造好酒需用精白糯米有一定的矛盾，而造成这一矛盾的完全是出于对原料与酒之间对应关系了解的缺失。

糙米的外表部位有很多蛋白质、脂肪、无机物、维生素等，会使黄酒的香味、色泽恶化，因此对米进行处理的目的是为了除掉或减少大米外表部的这些成分。

现已确认黄酒中含有200种以上的成分，以酒精为主的大部分主要成分来自米与麦曲，黄酒的香气、口味成分都来自于米与曲，因此米对黄酒品质的影响非常大。

还有，由于米的品种、产地或等级不同，黄酒在酿造工艺上也有不同，这是间接左右黄酒品质的因素。

酿酒从米的采购开始，在所定的产品品质目标中，必须尽量购买品种、等级、产地统一的大米，但是，最近黄酒的大米呈多样化，即大多数农户是自己定稻米品种进行种植，给酿酒带来一定的问题，为此，许多酒厂开始在大米生产区，建立原料基地。建立原料基地既可保证谷物品种的统一，又可保证谷物在种植过程中不再乱施农药，给食品安全打下一个良好的基础。

从现在的酿酒技术来看，无论何种品质的米都能生产黄酒，不过米质的不同会影响黄酒的品质，所以不一定要使用高价米。但是，选择优质原料，然后正确地进行处理是酿造优质黄酒所不可缺少的原则。黄酒历来提倡的精白糯米，确实应该下工夫让其精白，但目前我国国内尚无企业使用精米机来精白大米。图2-9为日本山田锦（米的品牌）酿酒用米处理前后的实际对比图。

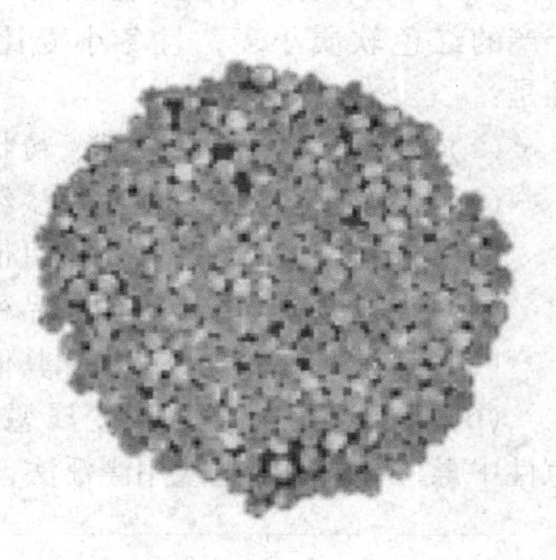

图2-9　清酒糙米与精白米的对比图

我国黄酒生产过程中，对大米的前处理是不够理想的，大多在不经处理的情况下就投入浸米罐（缸、池）进行浸米。部分企业做得稍好些，就是对米进行简单的筛选处理，筛掉小碎米与部分米糠。就是这一工序，也能对黄酒口感的改善起相当大的作用。

为追求黄酒的高品质，大米必须经过处理。尤其是对那些精白度不高的，出米率很高的大米除经过简单的筛选后，最好还需要碾磨切削，使大米能做到基本没有脂肪、米表皮与精粉层，这样酿造的黄酒才会清爽，才能酿造出高品质的黄酒品种，这是黄酒生产中的一个努力方向。

第六节　酿造用水的概述

水是酿酒的重要原料，也是微生物的营养之一。在科学与技术不是很发达的过去，人们酿造黄酒均采用自然水，因此，"好水出好酒"成为酒业一个真理。但随着水处理技术的提高，无论何种水均可经过处理而获得。黄酒酿造用水，虽有一定要求，但往往缺少必要的重视。

由于各地的水源不一样，水质有区别，所酿造的黄酒便会产生不同的风味，有的甚至会使口感产生较为严重的不愉快。为此，利用纯化水的工艺来获取酿造用水将是一个较为理想的途径。

一、源水

饮用水的源水通常为天然水，纯化水的源水通常为城市饮用水或企业已经处理达到饮用水标准的水。如果源水进水的含盐量在500mg/L以下时，一般可采用普通的离子交换法去除盐类物质。对含盐量为500～1000mg/L的源水，可结合源水中硬度与碱度的比值，考虑采用弱酸、强酸离子交换床或组成双层床。如将该纯化水作源水，采用多效蒸馏水机制备蒸馏水，要是强酸阴离子的含量超过多效蒸馏水机的进水指标，可考虑选用弱碱树脂，以提高系统的经济性。当源水的含量为1000～3000mg/L，属高盐量的苦咸水时，可采用反渗透的方法先将含盐量降至500mg/L以下，再用离子交换法脱盐处理。

除水质条件外，还应对用水水质纯度进行要求以及结合单台设备的最大能力等因素，综合考虑高含盐量源水的预处理系统。

二、预处理的必要性及常用手段

普通的自来水、地下水、工业用水往往都不能满足离子交换树脂或反渗透膜的进水要求，这就要求源水需经适当的预处理后，方能满足后道制水设备对进水的水质要求。不同设备配置的纯化水系统的进水水质指标参见表2－12。

表 2-12 各种除盐工艺对进水水质指标的要求

检测项目 \ 处理方法	电渗析	离子交换	反渗透	
			卷式膜（醋酸纤维素）	中空纤维（聚酰胺系）
浊度/度	1~3 一般<2	逆流再生宜<2 顺流再生宜<5	<5	<0.3
色度/度	—	<5	清	清
污染指数	—	—	3~5	<3
pH	—	—	4~7	4~11
水温/℃	5~40	<40	15~35	15~35 （降压后最大为40）
化学耗氧量（以 O_2 计）/（mg/L）	<3	2~3	<1.5	<1.5
ρ（游离氯）/（mg/L）	<0.1	宜<0.1	0.2~1.0	0
ρ（铁）/（mg/L）	<0.3	<0.3	<0.05	<0.05
ρ（锰）/（mg/L）	<0.1	—	—	—
ρ（铝）/（mg/L）	—	—	<0.05	<0.05
ρ（表面活性剂）/（mg/L）	<0.5	检不出	检不出	—
洗涤剂油分 H_2S	—	—	检不出	检不出
硫酸钙溶度积	—	—	浓水 $<19\times10^{-5}$	浓水 $<19\times10^{-5}$
沉淀物（硅藻土 SiO_2、Ba 等）	—	—	浓水不发生沉淀	浓水不发生沉淀

表 2-12 常见水质标准中主要项目的含义是：

1. 浊度

浊度是指水中均匀分布的悬浮颗粒及胶体状态的颗粒使原本无色透明的水的透明度降低的程度。浊度的单位标准为 FTU，即每含有 1mg/L 标准土（白陶土、硅藻土）的浑浊液的浊度为 1 度。浊度是一种光学效应，是光透过水时受到阻碍的程度，它不仅与水中悬浮物的含量有关，而且还与水中光线的散射和吸收能力，水中的杂质成分，颗粒的大小、形状及表面的反射能力等有关。控制水的浊度是酿酒用水的重要内容之一，也是酿酒用水的主要质量指标。

2. 污染指数（FI）

污染指数为膜过滤法测定水中细小微粒的方法。

3. pH

pH 的定义是水中氢离子浓度（单位 mol/L）倒数的对数，表达式为

$$pH = -\lg [H^+]$$

从式中可以看出，通过水中氢离子的浓度可以得知水溶液是酸性、碱性还是

中性。pH 过高，水垢成分（碳酸钙等）的溶解度变小，使水垢析出变得容易。水溶液与 pH 通常用下列关系表示：

$pH = -\lg[H^+] = -\lg 10^{-7} = 7$，为中性溶液；

$pH < 7$ 为酸性溶液；

$pH > 7$ 为碱性溶液。

4. 游离氯（Cl^-）

游离氯指的是氯离子，是指溶液中的氯化物，其数值用氯化物中 Cl^- 的量（mg/L）表示。在酿酒用水中氯离子往往会影响酿酒微生物的正常活力，带来特殊的氯臭，同时会给管道尤其是不锈钢材质的管道与器具造成水腐蚀，因此，酿酒用水在水系统中就必须对氯离子进行有效的控制。

三、纯化水预处理方法

为满足纯化水系统后道设备对进水质量的要求，必须对源水进行预处理。源水（或称原料水）预处理的主要对象是水中的悬浮物、微生物、胶体、有机物、重金属和游离状态的余氯等。

1. 水系统预处理方法选择原则

（1）源水中悬浮颗粒的含量小于 50mg/L 时，可以采用接触凝聚或过滤，即加入凝聚剂后，经过水泵或管道直接注入过滤器。

（2）当源水中碳酸盐硬度较高时，可在去除浊度的同时，加入石灰进行软化。

（3）当源水中的有机物含量较高时，可采用加氯、凝聚、澄清过滤等方法处理。若仍然不能满足后道工序的进水要求，可增加活性炭过滤、有机物去除器等去除有机物的措施。

（4）当源水中游离氯超过后道进水要求时，可采用活性炭过滤或加入亚硫酸钠等方法处理。

（5）如果后道工序对胶体状态的要求较高，可在加入石灰的同时加入氧化镁或白云粉，以达到去除硅的目的。

（6）如果后道工序采用反渗透或电去离子器设备时，应在源水进入设备前，再增设一个（组）精密过滤装置，作为反渗透或电子去离子器设备的保护措施。

（7）当源水中铁、锰含量较高时，应增加曝气、过滤装置，以去除铁和锰。

2. 吸附

在水处理过程中，利用多孔的固体材料，使水中的污染吸附在固体材料的空隙内的处理方法称为吸附。使用吸附的方法可以去除水中的有机物、胶体物质、微生物和余氯等。

（1）活性炭吸附　源水中颗粒直径在（1～2）$\times 10^{-3}\mu m$ 的无机胶体、有机胶体、溶解性有机高分子杂质和余氯，通过普通的机械过滤器难以去除，需要使

用活性炭过滤的方法进一步提高源水的质量。即利用活性炭床吸附低分子质量的有机化合物以及添加剂，如含氯类的氧化剂，将它们从水中除去，使水达到某种质量水平，并保护活性炭处理装置下游的不锈钢设备或管道表面、离子交换树脂和反渗透的渗透膜材料不与上述添加剂及含氯的氧化剂发生反应。

活性炭通常用煤炭、果壳、木材等含炭物质通过化学的方法或物理的方法对其活化制备。活性炭含有大量的微孔和巨大的表面积，具有极强的物理吸附能力。同时由于活性炭表面在活化过程中，表面非结晶部位上会形成一些含氧的官能团，这些官能团使活性炭具有催化氧化和化学吸附功能，以去除一部分水中的金属离子。活性炭还具备极强的脱氯能力，在工艺用水系统中去除对管道腐蚀影响很大的氯离子作用非常明显。

活性炭的吸附能力不仅与其表面积有关，而且与活性炭表面细孔的孔径分布有关。对水这一类的液相吸附，大孔主要为吸附物质的扩散提供通道，使其扩散至过渡孔与微孔中去，因此吸附的速度往往受到活性炭表面大孔的影响。水中的有机物不但有小分子，而且也有各种各样的大分子。大分子的吸附主要依靠过渡孔，同时过渡孔又是小分子有机物到达微孔的通道，通常微孔的表面积最大，占表面积的95%以上，活性炭的吸附能力主要受微孔支配。根据待吸附物质的直径与细孔分布情况，恰当地选择活性炭是非常重要的。

在酿酒用水的制备过程中，活性炭的主要功能有两个：一个是吸附水中残留余氯；另一个是吸附水中的部分有机物（约60%），这部分有机物为有机的胶体和溶解性有机高分子杂质。

（2）离子交换树脂吸附　用于吸附处理是离子交换树脂的特殊用途，离子交换吸附法对有机物的去除采用大孔的阴离子交换树脂，使用食盐水将阴离子树脂或大孔径吸附阴离子树脂处理成为氯型树脂来吸附有机物。通过吸附能够去除水中的有机质，用这个原理吸附有机物的装置称为有机物去除器。树脂再生采用碱性食盐水。

3. 电渗析

电渗析系统与电去离子法相比，前者仅用静电及选择性渗透膜分离浓缩，并将金属离子从水流中冲洗出去。由于它不含有提高离子去除能力和电流的树脂，该系统效率低于电去离子法（EDI）系统，而且电渗析系统要求定期交换阴阳两极和冲洗，以保证系统的处理能力。目前，电渗析系统多使用在纯化水系统的预处理工序上，作为提高纯化水水质的辅助措施。

4. 纯化水系统精处理方法

通过预处理的水，如果继续对水质提更高的要求，则必须经精处理或终处理才能达到理想的效果。精处理方法一般有离子交换、反渗透、电法去离子器、超滤和微孔过滤等手段。

（1）离子交换（DI）　离子交换就是离子交换树脂上的离子和水中的离子

进行等电荷反应的过程。离子交换反应过程与很多化学反应过程一样，是可逆反应。由于离子交换树脂的溶胀性，树脂在离子交换过程的前后体积会有所变化，因此与一般的化学反应平衡又不尽相同。离子交换系统使用带交换基团的树脂，利用树脂离子交换的性能，去除水中的金属离子。离子交换树脂须用酸和碱定期再生处理。一般，阳离子树脂用盐酸或硫酸再生，即用氢氧根离子置换被捕获的阴离子。由于这两种再生剂都具有杀菌效果，因而同时也成为控制离子交换系统中微生物的措施。离子交换系统可以设计成阴床、阳床分开，又可以设计成混合床形式。离子交换系统的作用是软化、除碱与除盐。

（2）反渗透（RO） 反渗透法制备纯化水的技术是20世纪60年代以来，随着膜工艺技术的进步而发展起来的一种膜分离技术，已经越来越广泛地使用在水处理过程中。反渗透膜对水具有良好的透过性，操作工艺简单，除盐效率高，使用在工艺用水系统中，也比较经济。因此，反渗透技术广泛应用于纯化水的制备工艺。图2－10所示为食品工厂常用的反渗透装置。

反渗透膜的孔径大多$\leqslant 10\times10^{-10}$m，其分离对象是溶液中处于离子状态和相对分子质量为几百的有机物。反渗透是利用渗透这种物理现象来实现分离的。对两种不同浓度的盐水，用一张具有半透过性质的膜分开，会发现含盐浓度低的一边的水会透过膜渗透到含盐浓度高的一边，但其所含有的盐分并未渗透过去，这样逐渐地融合直到两边的含盐浓度相等，渗透停止。自然的渗透过程很长，为了加快这个过程，可以在含盐量高的一侧增加一个压力，让渗透停止，这就是膜的渗透压力。把压力加大，水就可以反向渗透，盐分则留下来，这就是反渗透的除盐原理，即在有盐分的水中（如源水），加以比自然渗透压力更大的压力，使渗透向相反方向进行，把源水中的水分子压到膜的另一边，变成洁净水，从而达到去除水中盐的目的。

反渗透技术应用的关键在于起除盐作用的反渗透膜的性能。反渗透膜是一种只允许水通过而不允许溶质透过的半通透膜。按照其物理形态可将反渗透膜分为对称膜、不对称膜和复合膜。对称膜又称均质膜。复合膜通常是用两种不同的膜材料，分别制成表面活性层和多孔支撑层。不对称膜的断层为不对称结构，主要有醋酸纤维素膜和芳香族聚酰胺膜两大类。从应用情况来看，醋酸纤维膜较经济，透水量大，除盐率高，但不耐微生物侵蚀。芳香族聚酰胺膜价格较高，机械强度好，适合于制成头发丝细的中空纤维，使用芳香族聚酰胺膜制成的反渗透装置体积较小。反渗透分离过程关键是要求膜具有较高的透水率和脱盐性能。

（3）电法去离子器（EDI） 电法去离子器系统使用一个混合树脂床、选择性渗透膜以及电极，以保证水处理的连续进行，即不断获得产品水及浓缩废液，并同时将树脂连续再生，用电法去离子器系统替代完成传统的离子交换混合床去离子的过程。EDI系统不像DI树脂，无需停机更换树脂或用化学药品再生树脂。因此，EDI系统出水水质稳定，操作简单，成本低。EDI常常作为反渗透系统的

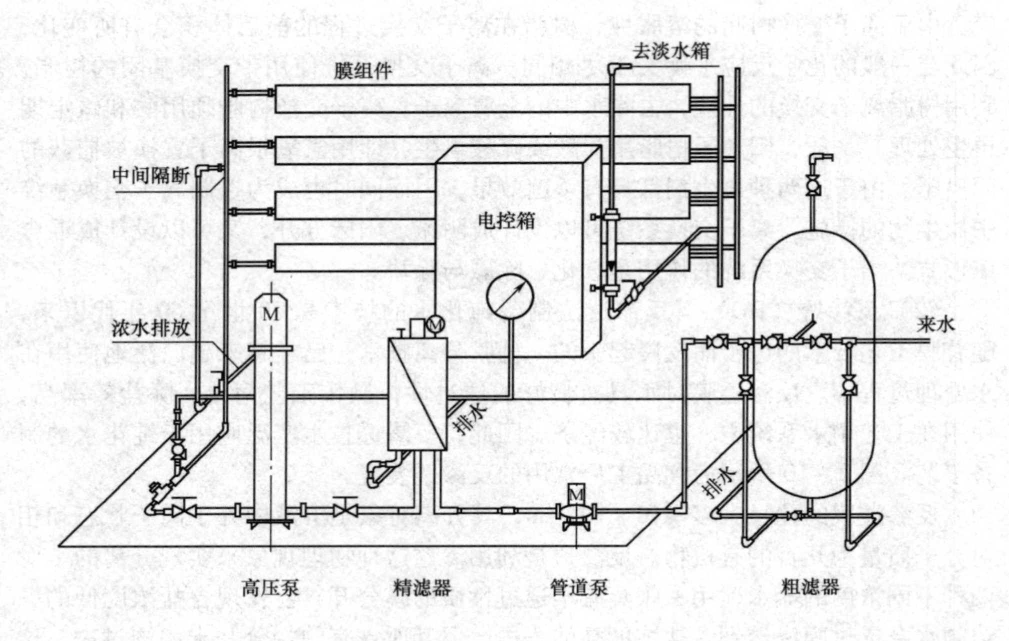

图 2 – 10　食品工厂常用的反渗透装置

后道设备，进一步去除离子。通常，EDI 系统能连续产水使其电阻率达到 18.2MΩ·cm，EDI 系统既可以连续运行，又可以间断运行。图 2－11 所示为电法去离子原理示意图。

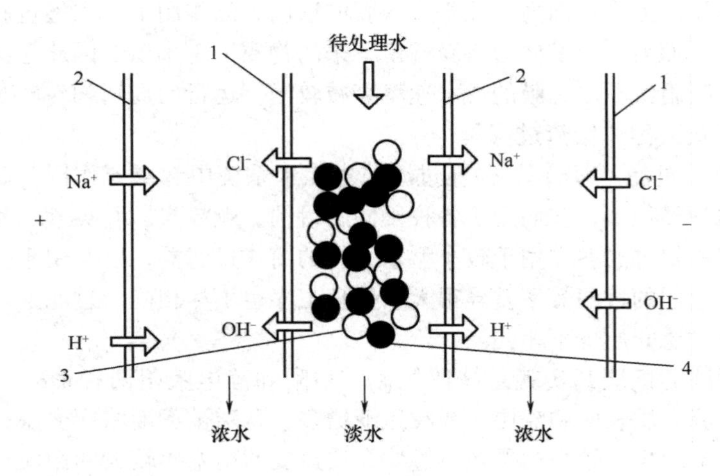

图 2－11　电法去离子原理示意图

1—阴离子交换器　2—阳离子交换器　3—阴离子交换树脂　4—阳离子交换树脂

（4）超滤（UF）　超滤是水处理中另一种类型的膜分离技术。超滤技术在液体物料的处理中应用十分广泛，基于超滤膜的分离范围十分宽广。超滤可以用来分离去除水中的有机体、各种细菌、热源物质、多数病毒，可以用于胶体、大分子有机物的分离，可以分离多种特殊物料。由于超滤可以在常温条件下进行，对热敏感物质的分离也极其有利。同时，在超滤的过程中不会发生相变，因此能耗低。另外，超滤仅与压力作为过滤工艺的推动力，装置结构简单，操作方便，因此发展十分迅速。可选择不同的滤膜孔径分别用于预处理系统或精处理系统。

超滤主要进行分子质量级的分离，若用正压或负压，会很快在超滤膜的表面形成高浓度的凝胶层，造成过滤速度急剧下降。为防止浓度极化造成过滤速度下降，超滤一般采用切向流过滤。采用切向流过滤正好克服普通正压或负压过滤的致命弱点，即当液体以一定的速度连续地流过超滤膜表面时，在过滤的同时也对超滤膜表面进行着冲刷，从而使超滤膜表面不会形成阻碍液体流动的凝胶层，保证稳定的过滤速度。

在膜分离技术中，超滤、反渗透和微孔过滤之间，并没有明显的区别界限。只是按过滤孔径的大小而采用不同的过滤装置而已，超滤的大孔径一边和微孔过滤相重叠，而在小孔径的一端则与反渗透重叠。超滤是介于反渗透与微孔过滤之间的过滤形式。超滤的原理为交叉流动（切向流），使水与过滤介质平行流动，水中不能通过超滤膜的大颗粒就随浓缩的物料排出系统（通常为流入水量的 5%～10%）。这就使超滤膜能够自我净化并减少更换滤膜的频率。超滤与反渗透的主要区别在于超滤膜的结构与反渗透膜有所不同。超滤膜可以使盐和电解质通过，而胶体与分子质量较大的物质则被滤除。

超滤的过程属动态过滤过程，在超滤过程中，来自泵的动力在膜的表面产生相互垂直的切向力与法向力。在垂直于膜的法向力的作用下，水透过膜面与被截留物质分离。而另一个切向力将膜截留下来的物质冲走排出。因此超滤膜的表面不容易形成吸附沉积层，膜的透水速率衰减较慢，运行的周期相对较长。超滤的这种过滤模式又称"错流过滤"。

（5）微孔过滤（MF） 微孔过滤技术在水系统中起重要作用，设计中可选用的过滤器种类很多，它们用于各种不同的目的。颗粒炭、石英砂、沙子等用于大型水系统的粗过滤器和用于较小型水系统的筒式过滤器，以及用于微粒控制的膜过滤器，它们的过滤效率差异很大，处理工序也不尽相同，过滤处理单元和系统构型及其过滤介质也不相同。

微孔过滤的机理其实就是截留拦截、粘附和静电吸附两种形式。过滤过程中，随着过滤介质表面和深层的颗粒逐渐增多，孔隙被逐渐堵塞变小，有效的过滤面积会逐渐减少。较小的颗粒对过滤介质造成的堵塞比较大的微粒要大，因为较小的颗粒可能进入过滤介质的孔隙结构内部，造成对孔隙的堵塞。而较大的微粒则会留在过滤介质的表面，形成饼状物，堵塞过滤介质。由于堵塞造成的孔隙减少，孔径变小，单位过滤流量会下降。为了维持较大的流量，只能根据介质适当增加过滤压力，工作结束后进行细致的反冲，以保持正常的过滤流量。

以下主要介绍微孔膜过滤，即平常指的膜过滤，这在酿酒用水的过滤与酒液的过滤上都有很重要的作用。

①膜过滤类型：按滤膜的结构分，可分为深层过滤、表层过滤和膜过滤。按过滤作用分，可分为澄清过滤、预过滤和终端过滤。

深层过滤和其相应的澄清过滤常用过滤器介质的厚度为3~20mm，呈不规则的交错方式堆置，过滤孔径分布较宽。滤膜对颗粒的捕获以吸附作用为主。在水处理系统中设置深层过滤，因其捕获脏物的能力强，可延长后续除盐设备的寿命。

表面过滤和对应的预过滤所用的过滤介质厚度比深层过滤介质薄，大多小于1mm。介质材料呈比较规则的高聚物结构，被介质材料截留的颗粒是借助筛分吸附机理完成的，因其捕获脏物的能力很强，能够适用于大多数过滤要求，可以用于延长终端过滤器的寿命，在水处理系统中使用主要作为除盐设备的保安过滤器。

膜过滤与对应的终端过滤，过滤介质均很薄，厚度为0.22~10μm，呈极有规则的高聚物结构，固体颗粒被介质借助筛分作用截留在膜的表面。终端过滤器的特点是，可以对其进行完整性试验，过滤过程中不会有纤维脱落，其截留能力最强，但需在前级对其进行保护，其成本也较高。在水处理系统中使用膜过滤器，滤膜孔径一般在0.4~10μm，主要适用于作为除盐设备的保安过滤，孔径为0.22μm的滤膜则主要适用于用水点的终端过滤以及纯化水贮罐的呼吸用除菌过滤。

②微孔膜过滤器的介质及结构：在纯化水与酿造用水制备中，通常使用微孔膜过滤器作为反渗透等除盐设备的保安过滤器、用水终端的除菌过滤以及工艺用水贮罐的呼吸除菌过滤。完整的过滤器由滤芯与滤器外壳组成。滤芯，即过滤介质，采用树脂材料，多做成平板式滤膜后折叠成筒状或卷成筒状使用。常用的滤芯，即过滤介质有：聚偏二氟乙烯（PVDE）、聚丙烯（PP）、聚砜、尼龙、聚四氟乙烯（PTFE）以及金属复合膜等。

聚偏二氟乙烯为亲水性膜，能够耐受反复洗涤并可采用湿热灭菌，特别适合使用在澄清过滤工序。聚丙烯热熔纤维膜具有广泛的化学适用性，孔径在0.1～60μm，滤膜过滤精度不受压力波动的限制，通常制成筒式滤器，多用于物料的粗滤。聚砜是一种亲水性除菌级滤芯材料，可制成具有微孔率占滤膜表面积80%以上以及理想的微孔形状。聚砜滤材的流通量大、耐温，多用于物料的精滤，广泛地应用在纯化水的精密过滤和除菌过滤工艺中。聚砜可以反复耐受121℃在线蒸汽灭菌，能做滤芯的“完整性检测”。尼龙膜为亲水性膜，使用前不需要预先湿润，孔径均匀，强度高，能够保证有效的截留性能，在溶液中化学相溶性好，适用于各类物料的精过滤。尼龙膜广泛地应用于纯化水的精密过滤和除菌过滤工艺中。尼龙膜可以反复地耐受121℃在线蒸汽灭菌，能够接受完整性试验的检查。聚四氟乙烯为独具亲水性和疏水性两种功能的膜，具有广泛的化学适用性、生物安全性和热源控制指标，常用于水汽和气体的精滤。金属复合膜具有完全的疏水特性，所有的材料均为耐温材料，极限温度可达到180℃，在工艺用水系统中，金属复合膜过滤器最适宜使用在需要纯蒸汽进行在线灭菌的贮罐或系统的呼吸过滤器中。

过滤器最常见的组合形式是将澄清过滤、预过滤和终端过滤组合在一起（图2－12）。工艺用水过滤器孔径安排一般以10∶1∶0.22μm进行组合。

图2－12　过滤器最常见的组合形式

③膜过滤器注意要点：对过滤系统内水压力和流速的监控。对过滤器进行反冲、消毒或定期更换过滤介质。在排气口使用疏水性过滤器。在排气口的过滤器上安装温控外套，防止蒸汽冷凝。在初次使用前，先将过滤器灭菌，此后定期灭菌，定期更换。应严格控制过滤器用于水处理系统或分配回路中，因为过滤器也会成为微生物的污染源，造成污染的风险在于滤膜的破裂或微生物生长而穿透滤膜。

思考题

一、名词解释

1. 千粒重　　2. 心白　　3. 腹白

二、简答题

1. 简述黄酒酿造用米的要求。

2. 简述黄酒酿造用水的水质要求。

三、问答题

酿造用水不合格时应如何处理？

第三章 糖化发酵剂

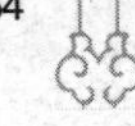

黄酒酿造是用谷物或含淀粉的粮食为主要原料，通过微生物将淀粉水解为糖，将糖发酵成酒精的过程。因此，微生物的糖化与发酵便成为黄酒酿造中最为关键的技术。

第一节 微生物

食品工业应用微生物进行生产已有几千年的历史。如黄酒和啤酒生产、干酪和面包制作、酱油酿造等食品的生产过程中，都要让微生物参与其中，以便得到我们所需要的产品。在黄酒酿造中，我们不仅会遇到有益的微生物，还有有害的微生物。有的是可以利用的，有的却是要抑制的。因此，了解微生物特性是非常重要的。

一、微生物基本知识

微生物是地球上最早出现的生命形式，是自然界中最小的生物，通常描述的是用肉眼看不见，而只能借助显微镜才能看到的微小生物，包括病毒、细菌、真菌、原生动物和某些藻类。微生物的个体都相当微小，测量其大小通常用微米或纳米为单位，它们的大小特征见表3-1。

表3-1 微生物的类型和大小

微生物	大小近似值
病毒	0.001~0.25μm
细菌	0.1~10μm
真菌	2μm~1m
原生动物	2~1000μm
藻类	1μm到几m

（一）微生物的特点

微生物具有生物的共同特点，除了其形体微小、结构简单等共同点之外，与动植物相比，有其自身的特点。

1. 种类繁多、分布广

据统计，目前已发现的微生物有约150万种，更大量的微生物资源还有待我们发掘。微生物在自然界分布极为广泛，土壤、空气、河流、海洋、盐湖、高山、沙漠、冰川、油井、地层下以及动物体内外等各处都有大量的微生物在活动。

2. 生长繁殖快、培养容易

微生物的繁殖速度是动植物无法比拟的。有些细菌在适宜条件下每20min就

繁殖一代，24h 就是 72 代。微生物的快速繁殖能力在发酵酿造上大大提高了生产率。当然，必须防止腐败微生物的危害。

微生物培养容易，能在常温常压下利用简单的营养物质，甚至工农业废弃物生长繁殖，可利用廉价的甘薯粉、米糠、麸皮、玉米粉、废糖蜜及酒糟等工农业副产品生产人们所需的目的产物，成本低廉。

3. 代谢能力强

微生物的代谢能力比动植物强得多。它们个体小，比表面大，一个或几个细胞就是一个独立的个体，能迅速与周围环境进行物质交换，因而具有很强的合成与分解能力，可以进行规模化生产。譬如，大肠杆菌每小时可消耗自重 2000 倍的糖，乳酸细菌每小时可产生自重 1000 倍的乳酸。

4. 容易发生变异

微生物个体微小，易受环境条件影响，加之繁殖快，数量多，容易产生大量变异的后代。这种特性的影响是两方面的。一方面可以利用这一特性选育优良菌种；另一方面，变异容易导致菌株优良发酵性能的退化，需要定期从中筛选出保持优良性能的菌株，淘汰不良变异株。

（二）微生物的分类

微生物种类繁多，主要分类单位由大到小为：界、门、纲、目、科、属、种。

黄酒酿造中的主要微生物有酵母、霉菌和细菌三大类。如酿酒酵母（*Saccharomyces cerevisiae*）属于真菌界，子囊菌门，半子囊菌纲，酵母目，酵母科，酵母属，酿酒酵母种。

二、黄酒酿造中常见的微生物

（一）酵母菌

酵母菌是黄酒酿造中起主要发酵作用的微生物。酵母菌不是纯粹分类学上的名称，它是一类以出芽繁殖为主的单细胞真菌的统称。酵母不经过两性细胞结合便能产生新的个体，通常以芽殖或裂殖进行无性繁殖。自然界中的酵母菌主要分布在含糖质较高的偏酸性环境中，例如果实、蔬菜、花蜜、淀粉以及果园的土壤中。酵母菌的种类很多，在酿酒工业中应用的酵母菌有酒精酵母、产酯酵母、白酒酵母、葡萄酒酵母、果酒酵母、啤酒酵母、黄酒酵母等。各种酵母菌的形态、培养条件和特性按其种类不同，各有差异。

在传统黄酒酿造中，酵母菌主要存在于酒药中。新工艺黄酒生产主要采用纯种酵母，即从酒药或酒醪中分离筛选获得优良菌种，用于生产。对酒药的研究表明，传统黄酒发酵是多种酵母菌的混合发酵，而不是单一酵母菌作用的结果，这些酵母菌特性各有不同。酵母菌株在黄酒酿造中具有举足轻重的地位，尤其是对酒的香味形成起决定性作用，往往是一种酵母菌一种酒味。这也是不同类型的饮

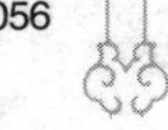

料酒使用不同种类酵母菌的原因所在。

酵母如此重要，了解一些酵母菌的生理特性就非常有必要。

1. 形态

酵母的形态大多呈卵圆形，大小为（1~5）μm×（5~30）μm，不形成孢子，主要通过芽殖来繁殖，其形态如图3-1所示，细胞结构如图3-2所示。在麦芽汁或米曲汁琼脂培养基上生长的菌落，通常为乳白色，平滑有光泽，边缘整齐。培养时间或保藏时间较长的斜面菌落呈浅黄色，表面失光。

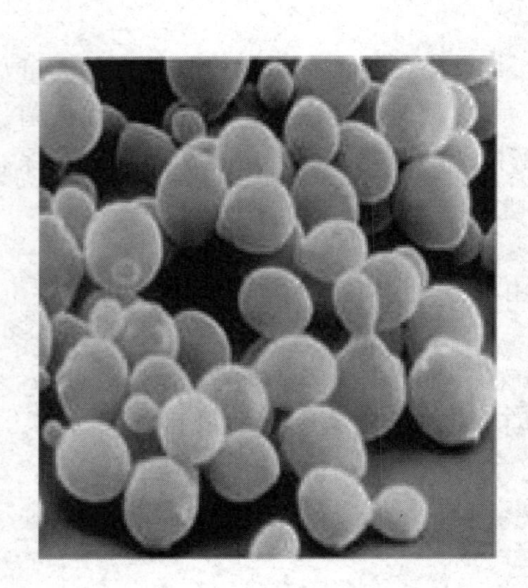

图3-1 酵母电镜形态图

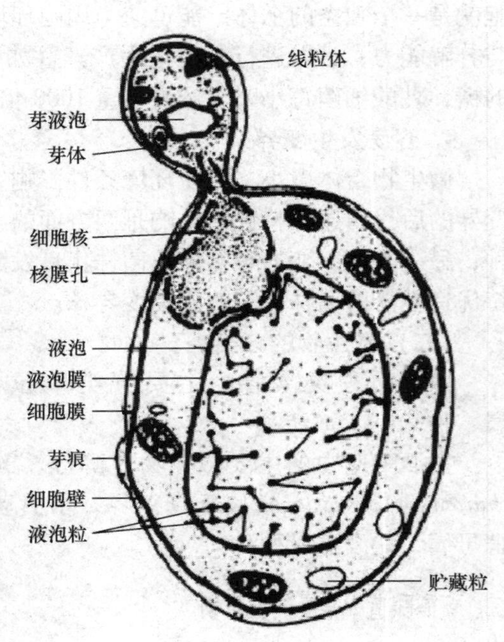

图3-2 酿酒酵母细胞结构示意图

2. 生长条件

酵母菌的生命活动不但需要有碳源、氮源、无机盐、生长因子等营养物质的适量供给，而且还要求有适宜的温度和pH。

（1）温度 酵母菌属嗜温性微生物，其最适生长温度为28~30℃，发酵温度可达30~32℃。当温度超过最适温度时，酵母的生长代谢速度过快，易引起酵母菌的早衰。酵母菌的死亡条件为55℃，10min左右。酵母菌对低温的抵抗力一般较高温强，虽然在低温状态下酵母菌的新陈代谢活动减弱，直至处于休眠状态，但其生命活力依然保持，目前酒厂实验室普遍采用的低温斜面保藏酵母菌种法，就是根据酵母菌的耐低温性质进行菌种保藏。

（2）pH 酵母生长的最适pH为4.5~5.0，最低pH为2.5，最高pH为8.0。在黄酒发酵过程中，随着酵母菌生长繁殖和代谢活动的正常进行，发酵液

pH 会因有机酸等酸性代谢产物的逐渐增加而逐步下降。大多数细菌生长的最低 pH 为5.0，黄酒发酵利用醪液的微酸性，使酵母菌在发酵初期就迅速繁殖，占据优势，并因酵母菌代谢产生的有机酸使 pH 迅速下降到 5.0 以下，从而有效地抑制了细菌的生长，避免了因细菌污染造成的酸败。

3. 酵母菌的代谢调节

酵母菌是兼性厌气性微生物，既能在有氧条件下生长，又能在无氧状态下生活。在有氧条件下，酵母菌以有氧呼吸、获取能量、合成菌体组成物为主，生长繁殖迅速，产生大量菌体；在无氧条件下，酵母菌进行厌氧发酵，产生大量的酒精、二氧化碳，放出较多的热量。所以在黄酒发酵时，一开始发酵醪内存在氧气，酵母菌进行有氧呼吸消耗氧，大量生长繁殖，含氧量降低到一定量后，酵母菌渐趋进行无氧呼吸产生酒精。

4. 优良黄酒酵母的特性

（1）适应黄酒发酵的特点，产生黄酒特有的香味。

（2）繁殖速度快，发酵力强且迅速，耐酒精能力强。

（3）耐酸能力强，对杂菌有较强的抵抗力。

（4）具有较好的凝聚性。

黄酒行业也有一些是使用活性干酵母的，但基本都是用通用酵母，与黄酒专用酵母尚有不少差别。如果把性能优良的黄酒酵母做成活性干酵母，那应用效果会好很多。

（二）霉菌

霉菌也称丝状真菌，是真菌的一部分。霉菌在自然界中的分布极为广泛，存在于土壤、空气、水和生物体内外等处，与人们日常生活关系密切。我国劳动人民早在几千年前就用霉菌来酿酒、制酱和腐乳等，近年来霉菌已广泛应用于医药、化工、轻工、纺织、食品等行业，在发酵工业（酶制剂工业）中起着重要的作用。医药行业中的抗生素，大多是从霉菌中取出的，比如我们常用的青霉素，就是从产黄青霉中得到的。霉菌还应用于生产有机酸、酶制剂、维生素、生物碱及激素等多种产品。

霉菌的种类很多，现将与黄酒酿造有关的，并在酒曲中常见的几种主要霉菌介绍如下。

1. 曲霉

曲霉是黄酒酿造中的主要糖化菌，其形态如图 3－3 所示。

（1）黄曲霉　黄酒生产用的麦曲中存在较多的黄曲霉，其菌落生长较快，最初带白黄色，后变为黄绿色，老熟后呈褐绿色。图 3－4 为黄曲霉形态图。培养最适温度为37℃，产生的液化型淀粉酶（α－淀粉酶）活力较黑曲霉强，蛋白酶活力次于米曲霉。黄曲霉中的某些菌系能产生黄曲霉毒素，特别在花生或花生饼粕上易于形成，是一种毒性很强的致癌物质。为了防止污染，酿酒所用的黄曲

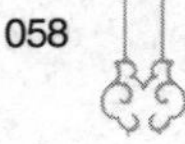

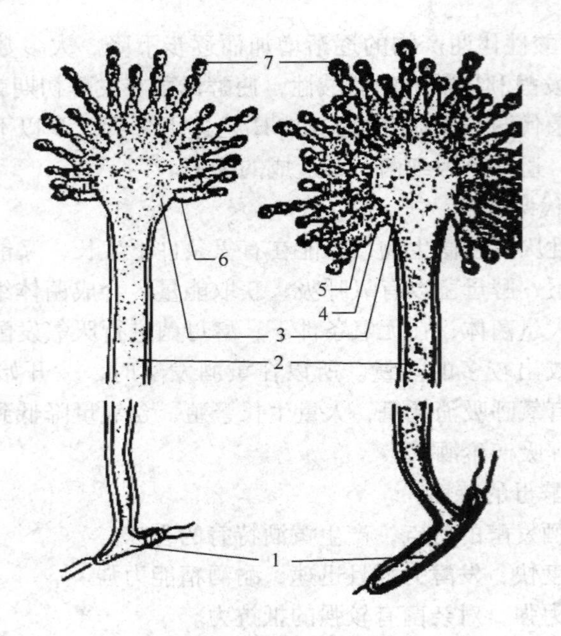

图 3－3　曲霉形态示意图

1—足细胞　2—分生孢子梗　3—顶囊　4—初生小梗
5—次生小梗　6—小梗　7—分生孢子

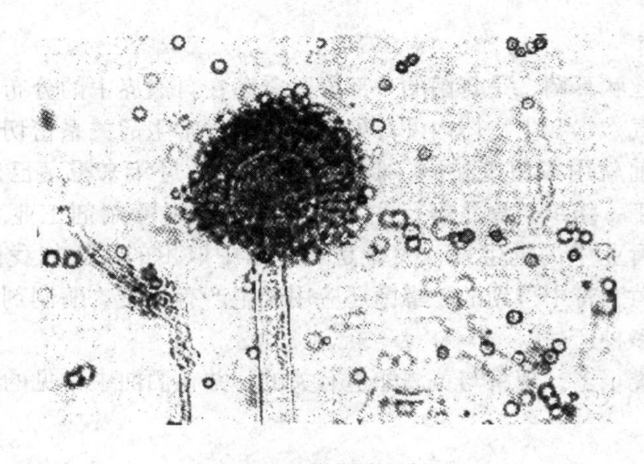

图 3－4　黄曲霉形态图

霉均经过检测，未发现有产毒菌株。目前用于制造纯种麦曲的黄曲霉菌，有中国科学院的 3800 和苏州东吴酒厂的苏－16 号。

（2）黑曲霉　中国科学院黑曲霉变异株 AS3. 4309（即 UV－11），是目前应用于制曲和糖化酶生产的优良菌株，菌丝初为白色，后呈咖啡色或黑褐色，分生孢子为黑色，具有各种活性强大的酶系，耐酸、耐热，糖化能力较黄曲霉高，又

能分解脂肪、果胶和单宁。

黑曲霉和黄曲霉有各自的特性和作用。黑曲霉以糖化型淀粉酶为主，酶作用于淀粉生成的葡萄糖，能直接供酵母菌利用。糖化酶能耐酸，糖化活力持续性长，因而出酒率较高。黄曲霉以液化型淀粉酶为主，生成物主要是糊精、麦芽糖和葡萄糖，出酒率较低，但酒的质量好。所以黄酒生产以黄曲霉曲为主，也有些酒厂为提高糖化力，使用少量黑曲霉曲。

（3）米曲霉　米曲霉归属黄曲霉群，菌丝一般为黄绿色，后变为黄褐色，培养最适温度为37℃，含有多种酶类，糖化酶和蛋白酶活力都较强，是酱油曲中的主要菌种。黄酒生产中，部分工厂也有用米曲霉制曲的，在自然麦曲中也存在较多的米曲霉。

2. 根霉

根霉在生长时，由营养菌丝体产生匍匐枝，匍匐枝的末端生有假根，在假根处长出成群的孢子囊梗，顶端孢子囊产生许多孢子（图3－5）。根霉的用途很广，其淀粉酶活力很强，能产生乳酸、反丁烯二酸、琥珀酸及微量酒精，还能产生芳香的酯类物质。已知的根霉有多种，由土壤及五谷分离出来的根霉菌的糖化力远不及酒药中分离出的活力强。根霉的适宜生长温度是30～37℃，40℃也能生长。

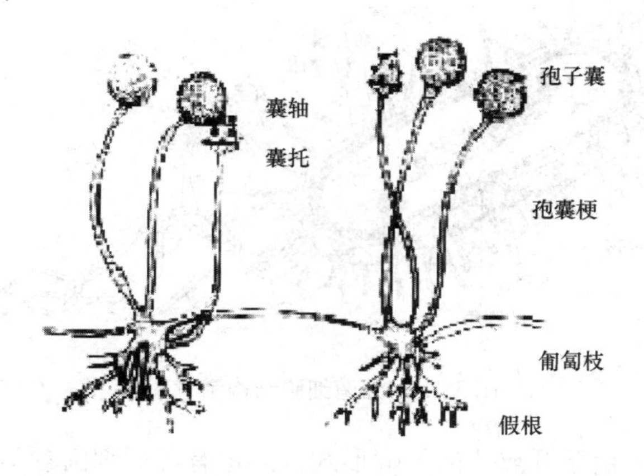

图3－5　根霉形态示意图

3. 毛霉

毛霉的形态与根霉很相似，但毛霉无假根和匍匐枝。毛霉的用途很广，常出现在酒药和曲中，能糖化淀粉并能生成少量乙醇，产生蛋白酶，有分解大豆的能力，我国多用来做豆腐乳、豆豉。有些毛霉还能产生乳酸，琥珀酸及甘油等。

4. 红曲霉

红曲霉菌落初期为白色，老熟后变为淡粉色、紫红色或灰黑色等，通常都能

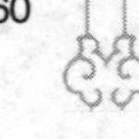

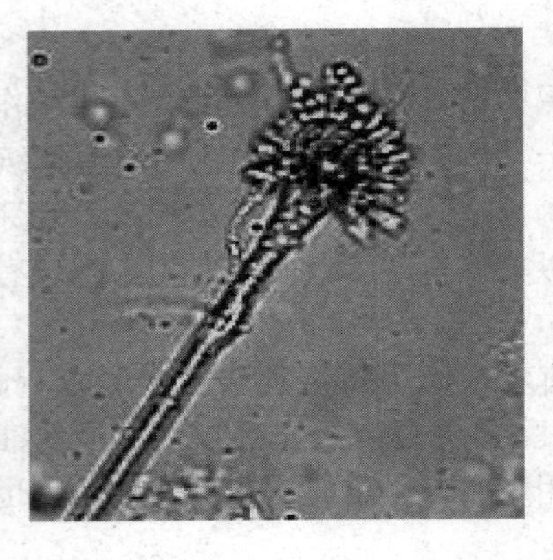

图 3－6　红曲霉形态图

形成红色色素。图 3－6 为红曲霉形态图。红曲霉生长温度范围为 26～42℃，最适温度 32～35℃，最适 pH 为 3.5～5.0，能耐 pH2.5，耐 10% 乙醇，能利用多种糖类和酸类为碳源，能同化硝酸钠、硝酸铵、硫酸铵，以有机氮为最好的氮源。红曲霉能产生淀粉酶、麦芽糖酶、蛋白酶、柠檬酸、琥珀酸、乙醇、麦角固醇等，能产生鲜艳的红曲霉红素和红曲霉黄素。红曲霉用途很多，培制的红曲可用于酿酒、制醋，并可作食品染色剂和调味剂，还可制成中药。浙江、福建有不少地区使用红曲酿制黄酒。

（三）细菌

细菌是单细胞原核微生物，形态很小，大多直径或宽度小于 1μm，需要用显微镜的油镜才能观察清楚，没有真正的细胞核（图 3－7），属于最低级的生物，基本形态有球状、杆状和螺旋状 3 种形态。

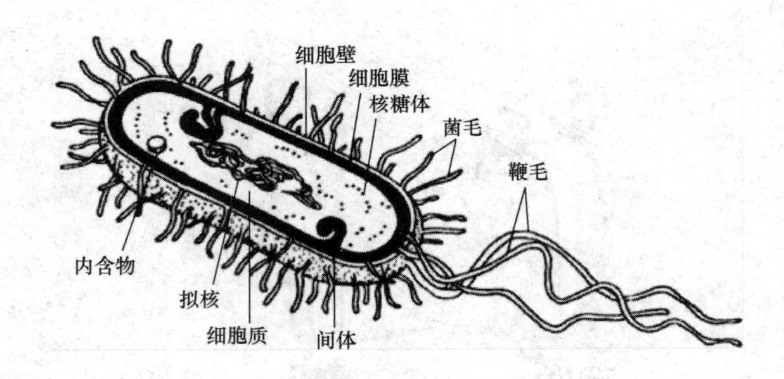

图 3－7　细菌细胞结构示意图

黄酒酿造中，由于开放式的发酵形式，必定有各种细菌参与酵母菌和霉菌的发酵活动。如果发酵条件控制不当或发酵设备、用具灭菌消毒不严，就会造成产酸细菌大量繁殖，导致黄酒产生不同程度的酸败。有些细菌的细胞常常被黏稠的透明层所包围，这黏液层称为荚膜。荚膜的主要成分是 90% 的水分以及多糖和多肽。荚膜能使液体培养基变稠、发黏，所以有时候染杂菌后的黄酒发酵醪会发泡、发黏。一些属包括芽孢菌属和梭菌属中的细菌，当生长到一定阶段时，细胞内部即形成一种圆形或椭圆形的特化的休眠体，称为芽孢。芽孢对干燥和热具有高度抗性，所以一般要高压湿热灭菌才能把它们灭死。

细菌的种类很多，与黄酒生产有关的细菌主要有以下几种。

1. 乳酸球菌

乳酸球菌的细胞呈卵球形，略向链的方向延长，大多成对或成短链（图3－8），能发酵多种糖类，在浸米过程及黄酒醪发酵初期，能够大量繁殖产乳酸。浆水的酸度主要是乳酸球菌代谢产物造成的。在酒精生产和黄酒酿造中利用浸米产酸或人工添加乳酸来“以酸制酸”，可抑制杂菌繁殖生酸，有利于发酵的正常进行和酒风味的形成。乳酸球菌不耐酒精，酒精含量达13%以上就死亡。

2. 乳酸杆菌

乳酸杆菌长短不一，从细长的丝状到球杆状（图3－9），是微好氧或厌氧细菌，营养要求严格，生长最适温度为30～35℃，耐酒精性及耐酸性较强，即使酒精含量达18%也能生存，并继续生酸。乳酸杆菌对酵母菌有明显的拮抗作用：产生抗菌物质，促使酵母菌凝聚变性；醪液中酸度升高，抑制酵母菌的正常代谢，从而引起酵母菌死亡。因此在黄酒生产中要尽量防止这类细菌的大量污染，否则会造成黄酒酸败。

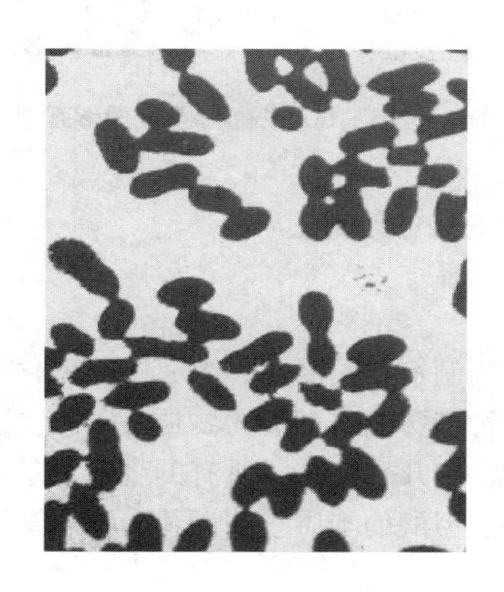

图3－8　乳酸球菌形态图

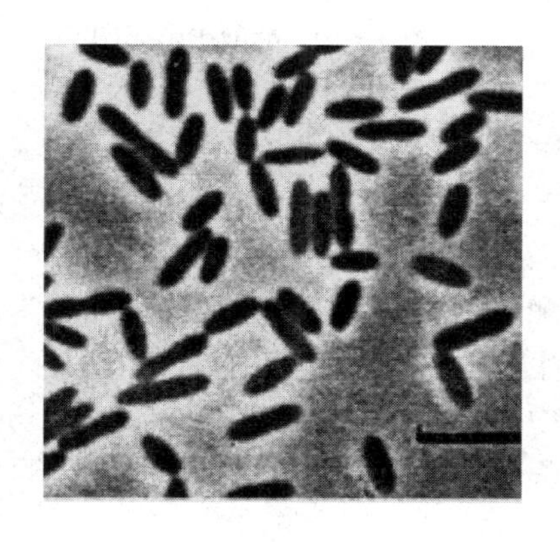

图3－9　乳酸杆菌形态图

3. 醋酸菌

醋酸菌种类很多，细胞呈杆状，常呈链锁状（图3－10），是酿制黄酒的有害细菌。醋酸菌是一种好气性菌，在培养液表面生成白色的菌膜，最适生长温度为34～40℃，最适生酸温度为28～33℃，最适pH为3.5～6.0，耐酒精含量8%以下，最高产酸量达7%～10%（以醋酸计）。所以黄酒发酵的开耙温度过高，醋酸菌就易侵入繁殖。

4. 枯草芽孢杆菌

枯草芽孢杆菌是产生芽孢的需氧杆菌，存在于土壤、枯草、空气及水中。由于它的芽孢能抗高温，所以散布极广，图3－11是枯草芽孢杆菌形态图。在制曲中，如果曲料水分含量高，就容易受到枯草芽孢杆菌的侵入并迅速繁殖，造成曲料发黏，对酿酒发酵危害很大。该菌生长最适温度为30～37℃，但在50～56℃时尚能生长，最适pH为6.7～7.2，芽孢能抗高温，一般在100℃、3h才死亡。

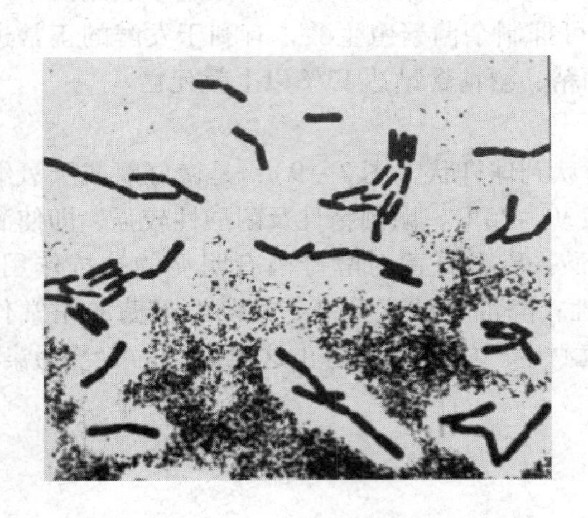

图3－10 醋酸菌形态图

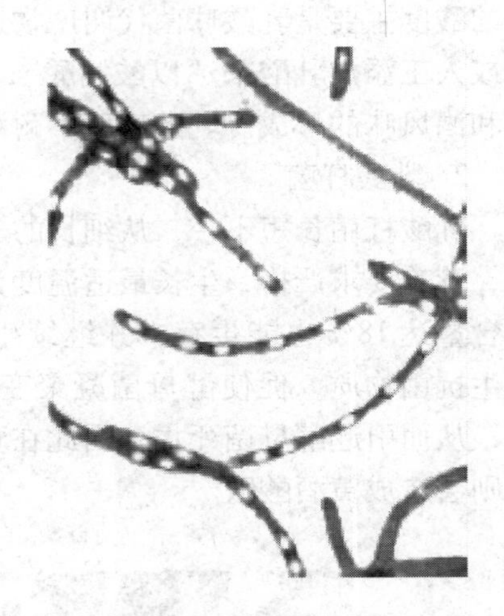

图3－11 枯草芽孢杆菌形态图

第二节 酶

酿造黄酒的糖化剂主要指麦曲、米曲与酶制剂。而麦曲、米曲中起糖化作用的微生物——霉菌，其主要作用就是产生一种特殊的水解淀粉物质——酶。人类生活中需要很多酶，酶和生命活动密切相关，它几乎参与了所有的生命活动、生命过程。酶的发现和应用可溯源到千百年前，但酶的本质直到近几十年才被逐渐认识。

淀粉水解为葡萄糖，就其热力学性质而言，只要在一定条件下，反应完全能够进行，而且甚至可以达到彻底水解的程度；但是，在通常情况下，这些反应进行得极为缓慢。为了加速反应，必须加入某些外在因素。例如，少量的酸、碱或酶。酸、碱和酶在这个过程中本身不消耗，它们起的就是催化剂的作用。淀粉糖行业在未用酶解技术前，大多采用酸解。那么，黄酒酿造为什么从来不用酸解？因为早在几千年前，祖先就知道利用曲中霉菌产生的糖化作用。

一、酶的特点

（一）酶具有很高的专一性

一种酶往往只能作用于一类物质或某种物质，如蔗糖酶只能分解蔗糖，不能分解麦芽糖及其他双糖。α－淀粉酶只能作用于淀粉的α－葡萄糖苷键。

（二）酶的作用效率高

酶的催化能力往往比普遍催化剂高很多，如1g纯的液化型淀粉酶结晶，在65℃、15min就可使2t淀粉转化成糊精。

（三）酶的作用条件温和

不需耐高温、高压及耐酸、耐碱的设备，各种酶对温度的要求范围不同，在适宜的温度条件下，它的作用能力很强。一般的酶是不耐热的，但也发现有耐热的α-淀粉酶，它在100℃以上短时间内处理，仍不失其活性。

（四）酶及其产物无毒性

酶的本身没有毒性，反应过程中又不伴随产生有毒物质，保证了食品卫生。酶在酿酒生产中起着极其重要的作用，由于酶的存在，使酒的酿造简单化。某些酶甚至能修正催化过程中产生的错误。例如，DNA聚合酶Ⅰ能识别并除去错配的核苷酸，从而保证了DNA复制时的误掺率在10^{-10}~10^{-8}以下；类似地，氨（基）酰-tRNA合成酶也能自动地消除其作用过程中活化的氨基酸，从而使蛋白质合成时的氨基酸误掺率低于10^{-4}。

二、酶的化学本质

酶的化学本质是蛋白质。酶是一种高效、高度专一和生命活动密切相关的、蛋白质性质的生物催化剂。目前一般将酶分为六大类，即催化氧化还原反应的酶称为氧化还原酶。催化某基团从供体化合物转移到受体化合物上的酶称为转移酶。催化各种化合物进行水解反应的酶称为水解酶。催化一个化合物裂解成为两个较小的化合物及其逆反应的酶称为裂合酶。催化分子内部基团位置或构象转换的酶称为异构酶。黄酒酿造中所用的酶主要指水解酶。无论是淀粉酶、糖化酶、蛋白酶还是纤维素酶都是水解酶。

在已知的酶中，许多酶进行催化时需要有辅助因子参加。辅助因子通常是一些小分子物质，可大致分为两类：辅酶物质和活化剂。这两类物质的主要区别是：辅酶在结构上多是较为复杂的有机分子，其中极大部分是B族维生素衍生物，如尼克酰胺核苷酸、黄素核苷酸及硫胺素焦磷酸等。某些辅酶结构中包含金属，如含铁的血红素。个别辅酶本身就是金属离子，如酰化酶中的钴。而活化剂则往往是一些简单的离子化合物，如Mg^{2+}、Zn^{2+}、Cl^{-}等。

三、黄酒酿造中常见的酶

（一）淀粉酶

淀粉酶是催化水解淀粉分子中糖苷键的一类酶的总称，与酿酒有关的淀粉酶可分为以下几种。

（1）α-淀粉酶　α-淀粉酶作用于淀粉时，能使淀粉迅速分解成小分子糊精和少量麦芽糖、葡萄糖以及寡糖。直链与支链淀粉如图3-12所示，其酶解机制如图 3－13 所示。糊化后的淀粉在淀粉酶作用下发生水解，将淀粉长链分解为中短链，形成中小分子的中间物质糊精，失掉原来的黏稠性，黏度迅速下降呈现液体状态，这种现象称为液化，又称糊精化，故此酶也称为液化酶。酿酒中的 α－淀粉酶主要来源于细菌和霉菌，麦曲中含量很丰富。

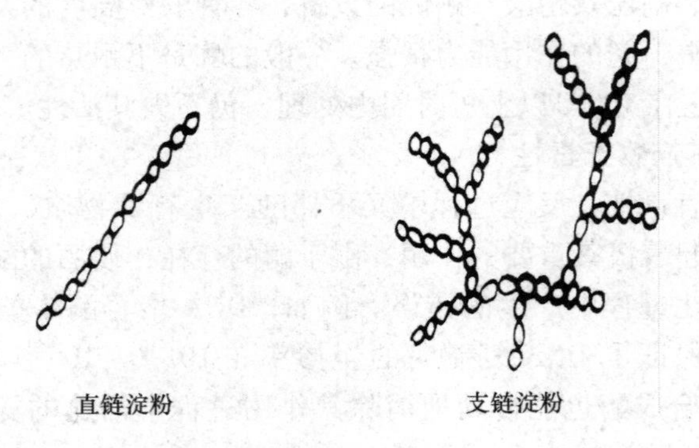

图 3－12 直链淀粉与支链淀粉示意图

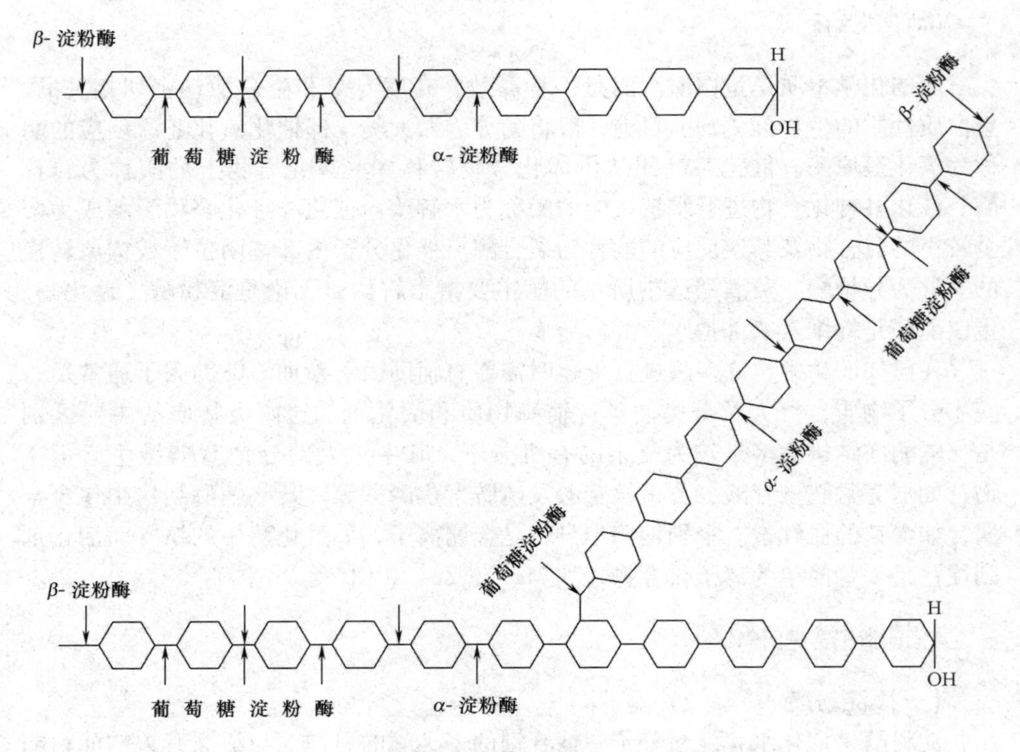

图 3－13 淀粉酶水解直链和支链淀粉机制示意图

α－淀粉酶作用淀粉时，初期水解迅速，以后渐慢。水解过程中，分子由大变小，代谢产物还原性增高，淀粉遇碘呈蓝色。糊精随分子由大转小，遇碘颜色

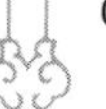

由紫、红到棕色，当分子小到一定程度时，水解液遇碘不变色，这时主要代谢产物是麦芽糖和寡糖以及少量葡萄糖。

α－淀粉酶水解淀粉是从分子内部进行，故称内切酶。它能水解淀粉分子中间部分的α－1，4－葡萄糖苷键，其作用是任意的，没有一定规律。但不能水解淀粉分子中支链的α－1，6葡萄糖苷键，可以绕过α－1，6葡萄糖苷键，将带支链的分子残留在水解产物中，形成含有α－1，6葡萄糖苷键的糊精、低聚糖和异麦芽糖等。这类糖是非发酵性糖类，残留在酒液中，形成较为醇厚的口感。

（2）β－淀粉酶　β－淀粉酶能将淀粉分解成麦芽糖和少量界限糊精。β－淀粉酶水解速度较慢，糖化时碘色消失很缓慢。麦芽糖在淀粉分子中原来是α－型，酶水解α－葡萄糖苷键时，在水解过程中顶端葡萄糖分子发生转位，将α－型变为β－型麦芽糖，因此称β－淀粉酶，水解只从分子的末端进行，不能从分子内部进行，故称这类酶为外切酶。

β－淀粉酶也能水解糊精、低聚糖等，但不能水解麦芽糖中的α－1，4葡萄糖苷键，水解支链淀粉时，不能切开分支点的α－1，6葡萄糖苷键和附近及内侧的几个α－1，6葡萄糖苷键，也不能绕过分支点继续作用，因此残留下大分子的糊精，称β－界限糊精。

由于β－淀粉酶是从淀粉非还原性末端一个一个地将麦芽糖基团切下来，是很费时间的，所以糖化时碘色消失很缓慢。有α－淀粉酶配合使用，作用可加速，如添加异淀粉酶，切开α－1，6葡萄糖苷键，β－淀粉酶便能将淀粉完全水解成麦芽糖。

β－淀粉酶在大麦中含量最多，小麦、甘薯等也有，不少微生物，如芽孢杆菌、假单胞菌、链霉菌等均能产生该酶，而且有的菌种产量较高。

（3）葡萄糖淀粉酶　葡萄糖淀粉酶能将淀粉链的葡萄糖一个一个切下来，故称为糖化酶。糖化酶能水解几种葡萄糖苷键，使淀粉全部转变为葡萄糖。葡萄糖淀粉酶主要来源于霉菌，黑曲霉、黄曲霉、根霉、红曲霉中均能产生。国内主要用黑曲霉生产糖化酶制剂或麸曲。

（4）麦芽糖分解酶　麦芽糖分解酶能将麦芽糖水解成两个葡萄糖，属于糖化型淀粉酶的一种。

（5）转移葡萄糖苷酶　转移葡萄糖苷酶可切开麦芽糖的葡萄糖苷键，将葡萄糖转移到另一个葡萄糖或麦芽糖中，从而形成异麦芽糖、潘糖等非发酵性功能低聚糖。但当发酵液中葡萄糖被利用而减少时，此酶又能将非发酵性糖分解成可发酵性的糖类。虽然此酶参与的催化反应具有可逆性，但会延长发酵周期。转移葡萄糖苷酶主要来源于黑曲霉。目前国内推广使用的黑曲霉生产酶制剂的菌种，很少产生转移葡萄糖苷酶，而葡萄糖淀粉酶的产量很高。

（二）酒化酶系

酒化酶系是指参与酒精发酵的各种酶及辅酶系统的总称，存在于酵母细胞内。酒化酶系参与从葡萄糖到酒精和二氧化碳的一系列很多步连环进行的复杂生化过程，酒化酶系活力的高低是影响发酵效率的重要因素，所以培养优良的酵母菌种是酿酒生产的重要一环。

（1）蛋白酶　蛋白酶是水解蛋白质和多肽的复合酶，分为内肽酶和外肽酶。内肽酶作用于蛋白质的产物为多肽、低肽；外肽酶作用于切割氨基酸。

按蛋白酶对 pH 适宜条件的不同，分为中性蛋白酶，作用最适 pH 在中性范围（pH6～8）；碱性蛋白酶，作用最适 pH 在碱性范围（pH9～11）；酸性蛋白酶，作用最适 pH 在酸性范围（pH1～3）。

黄酒生产中的蛋白酶主要来源于霉菌和细菌。有时黄酒的氨基氮含量低与麦曲的蛋白酶活力低有关系。

（2）酯化酶　酯化酶能将一分子醇与一分子酸脱水结合而生成酯。酯化酶主要来源于酵母菌和霉菌，尤以酵母菌为最重要。所以在酿酒生产中，特别是黄酒生产中的酵母菌，不但要求发酵力强，耐酒精等，还要求能产酯、香味好。

在黄酒生产中起作用的酶类很多，除上述酶类外，还有磷酸酯酶、纤维素酶等。正是因为酶的种类繁多、功能各异，酿造过程中的生化反应错综复杂，使酒中的成分各有差异，所以构成了各种类型的酒质特色。

黄酒酿制过程中起主要作用的除根霉菌和曲霉菌之外，还有酵母菌。在酵母菌细胞内有一个十分复杂的酶系，在发酵过程中就是依靠这个复杂酶系去完成一系列的生化反应。酵母产生的酶，总的来说有两大类：一类是具有水解作用的，它与碳水化合物、含氮物等营养物质的代谢作用密切相关；另一类是能够释放能量的酶类，与酵母菌自身的能量代谢有关，如转化酶、麦芽糖酶、酒化酶等。酒化酶是酒精发酵的关键性酶，事实上是参与从葡萄糖到酒精和二氧化碳这个复杂生化过程的各种酶和辅助酶的总称。酒化酶的高低是影响发酵效率的重要因素，所以培养好酵母菌是黄酒酿造技术的重要一环。

四、酶应用前景

酒类酿造中由于酵母菌不能直接利用淀粉和纤维素等原料，所以酿酒过程中必须经过糖化和发酵两个阶段。即黄酒发酵过程中，通常所说的“边糖化边发酵”的双边复式发酵形式，与先糖化后发酵的单边复式发酵形式。后一形式是借鉴葡萄酒与啤酒技术而被逐渐采用的所谓“清液发酵”技术。

但随着科学技术的不断进步，这一复式发酵完全有可能一步到位。为了简化酿酒发酵工艺过程，可以采用各种生物技术使酵母菌具有直接利用淀粉或纤维素发酵生产酒精的能力。以下是几种可能完成的技术：

（1）通过基因工程手段，将淀粉酶基因或者纤维素酶基因通过 DNA 体外重组、克隆到酵母中表达，从而赋予酵母细胞直接利用淀粉或者纤维素生产酒精的能力。

（2）可利用细胞融合技术，采用原生质体融合技术将具有多糖水解能力的微生物原生质体与酵母原生质体融合在一起，通过 DNA 体内重组，而获得可以同时表达多糖水解酶系和酒化酶系的融合子细胞。

（3）可采用细胞表面工程，将淀粉酶或者纤维素酶分子与酵母细胞表面的位点结合，这样，酶与酵母细胞结合在一起，首先由固定在酵母细胞表面的酶将原料水解成为可发酵性糖，再通过酵母细胞内的酒化酶系将可发酵性糖转化生成酒精。

（4）可采用酶工程技术将糖化酶等淀粉酶或者纤维素酶与酵母细胞共固定化，通过多糖水解酶和酵母细胞内酒化酶系的共同作用，将淀粉或纤维素转化为酒精。

第三节 曲

酒曲的起源已不可考证，关于酒曲的最早文字可能就是周朝著作《书经·说命篇》中的“若作酒醴，尔惟曲蘖”。原始的酒曲是发霉或发芽的谷物，人们加以改良，就制成了适于酿酒的酒曲。由于所采用的原料及制作方法不同，生产地区的自然条件有异，酒曲的品种丰富多彩。

利用粮食原料，在适当的水分和温度条件下，繁殖培养具有糖化作用的微生物的过程称为制曲。曲是黄酒酿造的糖化剂，同时赋予黄酒特有的风味。我国明朝宋应星在《天工开物》中指出：“无曲，即佳米珍黍空造不成”。这说明曲对酿酒的重要性。

世界各国以谷物为原料酿酒可以分为两大类：一类是以谷物发芽的形式，利用谷物发芽过程中产生的酶将原料自身的淀粉分解为可发酵性糖，进而利用酵母菌将可发酵性糖转化为酒精；另一类是将谷物制成曲，利用曲中的微生物及酶将原料中的淀粉分解为可发酵性糖，再用酵母菌将可发酵性糖转化为酒精。用曲酿酒是中国黄酒的特色和精华所在，也是中国古代的一大发明。

黄酒曲的种类繁多，按原料分类可分为麦曲和米曲。麦曲中又分块曲、草包曲、挂曲、生麦曲、熟麦曲和爆麦曲等；米曲有红曲、乌衣红曲和黄衣红曲等种类，其中酒药也可以说是米曲的一种。

一、麦曲

麦曲是指以小麦作为原料，培养繁殖糖化菌而制成的黄酒糖化剂。麦曲的作用：一是利用麦曲中的各种酶，主要是淀粉酶，使米饭中淀粉和蛋白质等分解溶出；另一个作用是利用麦曲内蓄积的糖化菌等微生物代谢产物，赋予黄酒独特的风味。麦曲质量的优劣，直接影响到黄酒的质量和产量。麦曲在酿造绍兴酒与仿绍酒中占据极其重要的地位，用量为原料的 1/10 ~ 1/6，被称为“酒之骨”。

传统黄酒酿造采用自然培养的生麦曲。自然培养生麦曲微生物种类较多，1957年有关部门对绍兴黄酒生产进行了总结，其中包括对麦曲微生物的分离鉴定，发现麦曲中生长最多的是米曲霉、根霉和毛霉，此外，尚有数量不多的黑曲霉、灰绿曲霉及青霉等；浙江古越龙山绍兴酒股份有限公司与江南大学合作，采用现代分子生物学技术结合传统分离培养法，鉴定出麦曲中的真菌有曲霉属、犁头霉属、根霉属、毛霉属、青霉属、散囊菌属、枝孢属、毕赤酵母属、球毛壳属、念珠属和伊萨酵母属。自然培养生麦曲由于多种微生物的共同作用，酿成的酒一般风味较好。但是也存在不少缺点，如糖化力低和用曲量大，制曲时间长和受季节限制，淀粉出酒率低和酒质不很稳定，劳动强度大和劳动生产率低，不易实现机械化操作等。为适应黄酒现代化生产的要求，纯种培养麦曲也得到广泛应用。

（一）踏曲（块曲）

自然培养的麦曲包括踏曲（块曲）、挂曲和草包曲等。以绍兴黄酒为代表的黄酒酿造工艺中制曲时间一般在农历的八月至九月间，此时正当桂花盛开，故习惯上把这段时期内制成的曲称为桂花曲。绍兴黄酒的生产，原来采用草包曲，后来一方面受稻草来源的限制，另一方面因为踏曲的糖化力比草包曲要高，从1973年开始，绍兴黄酒所用的麦曲逐渐由草包曲改为踏曲，但制作方法基本相似。挂曲的制作方法与踏曲也是基本相似的，主要的不同之处，在于将切好的曲块悬挂在室内梁上进行培养。在20世纪90年代初，借鉴白酒行业的经验，部分黄酒厂经过试验、探索，也开始使用块曲成型机来生产麦曲，但其工艺原理与踏曲基本相同。

1. 工艺流程

踏曲制造的工艺流程如图3－14所示。

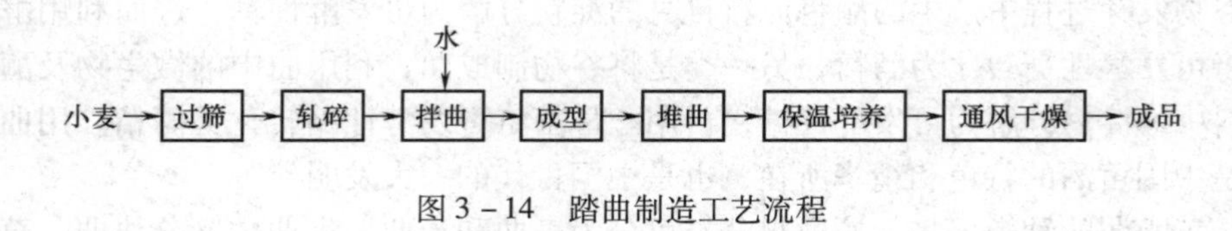

图3－14　踏曲制造工艺流程

2. 操作方法

（1）过筛　过筛的目的是除去小麦中的泥、石块、秕粒和尘土等杂质，使麦粒整洁均匀。

（2）轧碎　清理后的小麦通过轧麦机，将麦粒轧成3～4片，细粉越少越好，这样可使小麦的麦皮组织破裂，麦粒中的淀粉外露，易于吸收水分，而且空隙较大，有利于糖化菌繁殖生长。轧麦机进麦前，或过筛过程中，一定要有对麦中铁杂质的处理，主要手段是利用磁铁的作用，将在包装、运输过程中混在小麦中的螺丝、铁钉、铁丝、钢珠等除去。轧麦过程中，如果麦粒轧得过粗，甚至遗留许多未经破碎的麦粒，则失去轧碎的意义；相反，麦粒轧得过细，制曲时拌水不易均匀，细粉又易粘成团块，不利于糖化菌的繁殖。为了达到适当的轧碎程度，必须掌握以下两点：一是麦粒干燥，含水量不超过13%；二是麦粒过筛，力求在上轧麦机时保持颗粒大小均匀一致。同时在轧碎过程中要经常检查轧碎程度，随时加以调整。

（3）加水拌曲　将经称量的已轧碎的小麦装入拌曲机内，加入20%～22%的清水，迅速搅拌均匀，务必使吸水均匀，不要产生白心和水块。加水量也不是一成不变的，应该结合原料的含水量、气温和曲房保温条件，酌情增减。若加少了，不能满足糖化菌生长的需要，菌类繁殖不旺盛，出现白心，造成麦曲的质量差；但加水太多，升温过猛，反而使麦料水分蒸发过快，影响菌丝生长造成干皮，若水分不能及时蒸发，往往还会产生烂曲。所以，拌曲加水量要根据实际情况严格控制。同时，曲料加水后的翻拌必须快速而均匀，这是制好麦曲的关键之一。如果麦料吸水不均匀，水多处将造成结块，易成烂曲，水少处菌丝又会生长不良；而拌曲时间过长会使麦料吸水膨胀，成型时松散不实，难以成块。

（4）成型　成型又称踏曲（压曲），其目的是将曲料压制成砖形的曲块，便于搬运、堆叠、培菌和贮存。踏曲时，先将一只长106cm、宽74cm、高25cm左右的木框平放在比木框稍大的平板上，先在框内撒上少量麦屑，以防黏结，然后把拌好的曲料倒入框内摊平，上面盖上草席，用脚踩实成块后取掉木框，用刀切成12个方块，每一曲块的长、宽、高大致为25cm、25cm、5cm。有的踏上两层后再切块，可提高效率。切成的曲块不能马上堆曲，因为这时曲料尚未完全吸水膨胀，曲块不够结实，堆起来容易松垮倒塌，必需静置半小时左右，再依次搬动堆曲。

（5）堆曲　堆曲前，曲室应先打扫干净，墙壁四周用石灰乳粉刷，在地面上铺上谷皮及竹簟，以利保温。堆曲时要轻拿轻放，先将已结实的曲块整齐地摆成丁字形（图3－15），叠成2～4层，使它不易倒塌，再在上面散铺稻草垫或草包保温，以适应糖化菌的生长繁殖。

图3－15　踏曲的丁字形堆曲培养

(6) 保温培养　保温工作要根据具体情况灵活掌握。堆曲完毕，关闭门窗，如果曲室保温条件较差，可在稻草上面加盖竹簟，加强保温。一般品温在20h以后开始上升，经过50~60h，最高温度可达50~55℃。随着曲堆温度升高，水分蒸发，竹簟显得十分潮湿，并能见到簟朝下的一面悬有水珠，这时便要及时揭去，否则，冷凝水滴入曲料，将会造成烂曲。曲堆品温升至高峰后，要注意做好降温工作，根据情况裁减保温物，适当开窗通风等。此后，品温迅速下降，一般入房后约经一周，品温可回降到室温。自进房后，约经20d，麦曲已坚韧成块，按井字形堆叠起来，让其降低残余水分和挥发杂味。

对于培养过程中温度的控制，以前草包曲强调不能高于40℃，要求制成麦曲"黄绿花"越多越好，也即米曲霉分生孢子越多越好，但是，多年来的实践证明，温度控制低些，"黄绿花"多的麦曲，还不如温度适当高些（50~55℃），白色菌丝多的麦曲。后者不但糖化力相对高些，曲香也好，而且不容易产生黑曲和烂曲。这是因为培养温度偏高可阻止霉菌菌丝进一步生成孢子，有利于淀粉酶的积累，同时对青霉之类有害微生物也有一定的抑制作用。另外，由于温度较高，小麦的蛋白质易受酶的作用，易转化为构成麦曲特殊曲香的氨基糖等物质，有利于黄酒的风味。上述所指的品温是指温度计插入曲块中的显示温度。为保证温度显示的可靠性，在制曲过程中应多选几点测温位置，确保麦曲质量的一致性。

3. 块曲的质量鉴别

由于块曲是采用自然培菌的方法，而且在黄酒生产以前早已制好，所以，要制得好的麦曲，只有在制曲时加强管理，精细操作，否则，制成的麦曲质量差，将影响到整个黄酒生产。麦曲的质量好坏，主要是通过感官鉴别，并结合化验分析来确定的。

质量好的麦曲，有正常的曲香，白色菌丝茂密且均匀，无霉烂夹心，无霉味或生腥味，曲屑坚韧触手，曲块坚韧而疏松，水分低（含水分为14%~16%），糖化力高（1000单位左右）。糖化力是指1g绝干麦曲在30℃下，糖化1h所产生的葡萄糖毫克数。

（二）机制块曲

块曲成型机在白酒行业使用较早，在20世纪90年代，我国的一些大型黄酒厂由于用曲量较大，也开始借鉴使用。

所谓的"机制块曲"是在制作块曲过程中，使用块曲成型机来制作块曲。在机器的入口处，调节好麦料和水的进口速度，经过搅拌，使曲料和水混合均匀，并使含水量达到要求的数值。拌好水的曲料盛在机器输送带上的一只只曲盒中，在输送带的转动过程中，通过数次的挤压（不同的设备其次数也不同，但主要根据曲块的成型情况来决定），在出口送出来的就是成型的曲块。然后送入曲房进行堆曲培养。

与人工踏曲相比，使用块曲成型机的优点有：降低劳动强度、提高劳动效率、减少制曲时工作环境的污染、曲块的大小一致等。

（三）挂曲

无锡老廒酒的酿造，采用挂曲作糖化剂。挂曲实际上也是一种踏曲，只不过与块曲相比，一个是在地上堆积培养，一个是悬挂起来培养（图 3－16）。

图 3－16　挂曲的培养

下面简单介绍挂曲的生产工艺。

1. 工艺流程

挂曲制造工艺流程如图 3－17 所示。

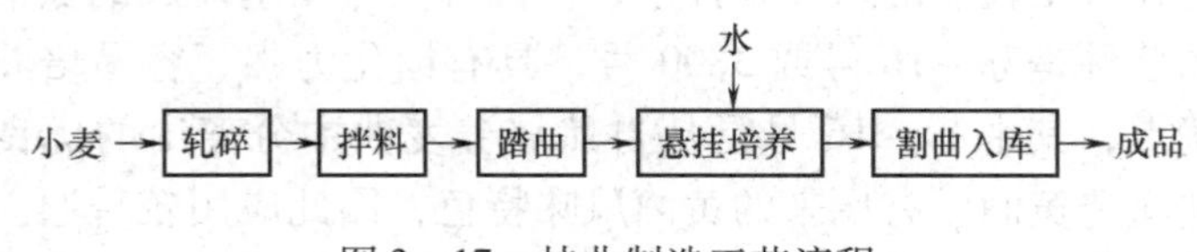

图 3－17　挂曲制造工艺流程

2. 操作方法

（1）轧麦　轧麦要求与块曲同。

（2）加水拌料　加水量一般为 40%，实际生产中要根据小麦的含水量适当调整。拌和后，以抓在手中，捏紧成团，松手即散，脚踏时不粘不触为宜。

（3）踏曲　将拌好水的曲麦倒入箱中，用脚踏实踏平（包括箱角和中心），厚度约 4cm，每箱踏五层，每层均用干的碎麦隔开，然后用刀切开，每层（长 92cm，宽 85cm）切成 9 块。

（4）悬挂培养　曲室内用木架分成上下数层，竹竿横架于木架两端。将切好的曲块用草绳结扎，悬挂于竹竿上，层与层之间保持35cm的距离，每块相距4cm，进行培养。采用悬挂曲块自然繁殖微生物，必须配合适宜的气候条件，一般在大暑时开始，此时天气干燥，气温较高，曲室的室内温度会超过30℃，是比较适宜的制曲时期。当曲块送入曲房约20h左右后，因微生物的繁殖而开始升温，3～4d品温会达到45～50℃的高峰。这时要打开窗户进行通风以散热。随着品温的降低，曲块的含水量也随着减少。

（5）割曲入库　大约经过20d，曲成熟后，可以割下，入库堆放。

3. 挂曲的质量要求

以曲块中心呈白色或黄绿色，具有麦曲特有的香气，无黑曲和烂曲，干燥结实。

（四）其他类型的自然培养曲

因各地黄酒酿造习惯和经验不同，自然培养曲也存在许多不同的生产方式和不同的操作方法。自然培养麦曲除了上面介绍的踏曲、挂曲、草包曲以外，还有许多麦曲种类。例如，北方黄酒有的采用白酒块曲作糖化剂；南方在春冬季节制造麦曲时，采用筐曲或散曲的生产方式，以克服气温变化造成制曲的困难。散曲是将轧碎的小麦拌入水后堆在室内进行培养。筐曲是利用竹筐或藤筐进行堆积培养。由于用料多，发热量集中，故可常年生产；宁波的黄酒厂在制成草包块曲后，再加以烘烤使其成为焦黄色；丹阳黄酒的麦曲采用大小麦混合原料培养，以利通气；西藏等地生产的传统藏传青稞酒中，使用的挂曲与无锡的完全不同，采用多种动植物原料混合制成。这些具有地方特色的操作，反映了我国黄酒丰富多彩的酿造技艺。

（五）纯种麦曲

纯种培养的麦曲是指用人工接种的方法，把纯种糖化菌种接入经过灭菌的小麦原料中，并在人工控制的培养条件下，使菌种大量繁殖而成的黄酒糖化剂。目前主要使用的菌种是苏－16号或3800号，具有糖化力强、容易培养和不产生黄曲霉毒素等优点，其中苏－16号是从自然培养麦曲中分离出的优良菌株，用该菌制成的麦曲酿造黄酒，有原来的黄酒风味特色，因此应用较普遍。纯种培养麦曲同自然培养麦曲相比，其优点在于糖化力和液化力相对较高且稳定，所以适合机械化黄酒酿造周期短的要求。但由于菌种单一导致酿成的酒口感较淡薄、香气较差，而且由于以熟麦为原料，酿成的酒会产生一股特殊的熟麦味。一些黄酒企业为了提高产品质量，在机械化黄酒酿造中，采用纯种培养的麦曲与自然培养的麦曲混合使用的方法。浙江古越龙山绍兴酒股份有限公司则从自然培养麦曲中筛选出米曲霉，以混合菌种通风培养法制成机械化黄酒专用生麦曲，使机械化黄酒质量得到显著提高，该成果已应用10余年。

纯种培养的麦曲主要有熟麦曲和爆麦曲。为了适应黄酒机械化生产的需要，多数采用厚层通风的制备方法，通风制曲具有培养室面积小、设备相对简单、操作方便、节约工时、便于管理、劳动强度低等优点。爆麦曲是将小麦烘炒碾扁而成为熟麦片，只是加水时要注意多加水，因小麦烘炒时失去大部分水分所致。其他培养过程和操作方法基本与熟麦曲相同。

熟麦曲的制造工艺过程如图 3－18 所示：

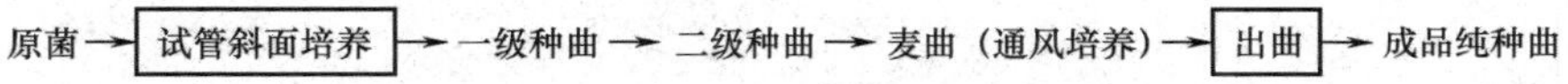

原菌
试管斜面培养
一级种曲
二级种曲
麦曲（通风培养）
出曲
成品纯种曲

图 3－18　熟麦曲制造工艺流程

1. 斜面菌种培养

斜面试管培养基一般都采用 12～13°Bx 米曲汁或麦芽汁琼脂培养基。无菌条件下接种，在 28～30℃ 培养 3～4d 即成。

2. 种曲

一级种曲和二级种曲均可采用三角瓶培养，制法基本相同，这里介绍二级种曲。

（1）工艺流程　二级种曲培养的工艺流程如图 3－19 所示。

水
菌种
麸皮
配料
称量
装瓶包扎
灭菌
冷却接种
培养
出曲
种曲

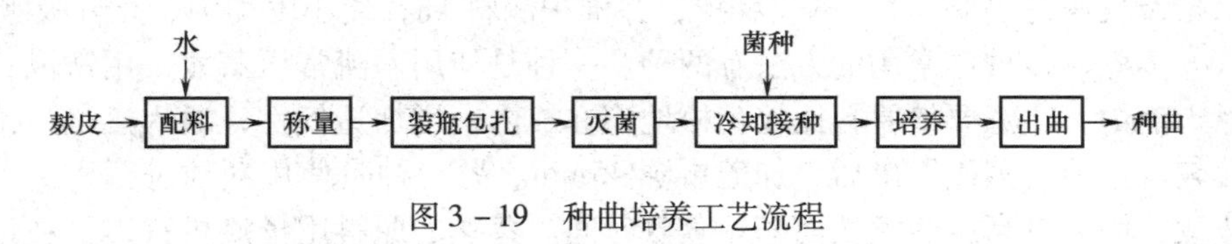

图 3－19　种曲培养工艺流程

（2）种曲的操作方法与要求

①配料：麸皮最好用粗麸皮，因为粗麸皮的通气性好，有利于提高小曲的质量。麸皮在使用前需先用直径为 2mm 的丝网进行筛选，除去细碎的麸皮和面粉，否则将导致麸皮在拌水或杀菌时出现结块现象，从而影响透气性。将水与麸皮进行混合，并搅拌均匀。一般麸皮与水的比例在 1:（0.7～0.75），并根据麸皮的含水量及气候适当调整。

②装瓶：称取 50g 拌好水的麸皮，装入 1000mL 三角烧瓶中，塞上棉塞，外包防潮纸。

③灭菌：高压蒸汽灭菌，压力为 0.1MPa、灭菌 40～60min。灭菌完毕趁热摇散三角瓶中的团块。

④接种培养：冷却至 35℃ 左右可接种，接种必须在无菌室中进行。用接种匙将少量菌种接入三角烧瓶中，并充分摇动，使菌种均匀分布，以利于麸皮上菌体均匀地生长繁殖。将三角烧瓶送入培养室内，放在瓶架上，进行培养。培养室的温度控制在 32℃ 左右。16～19h 后可以观察到麸皮上有白色的菌丝出现。根据菌丝的生长情况，再过 6～9h 后进行扣瓶。扣瓶时，用力要迅速、均匀，使培养基成饼状而不散开，悬于三角烧瓶中间，与瓶底脱离，目的是增加培养基与空气

的接触，利于菌体的全面生长繁殖。再经42～45h培养即可出曲。

⑤出曲：将三角烧瓶中的种曲用长的竹筷断为两块，取出放入小竹匾内备用。种曲放置时间不宜太长，一般在2天内使用。

3. 通风培养

（1）工艺流程　通风制曲的工艺流程如图3－20所示。

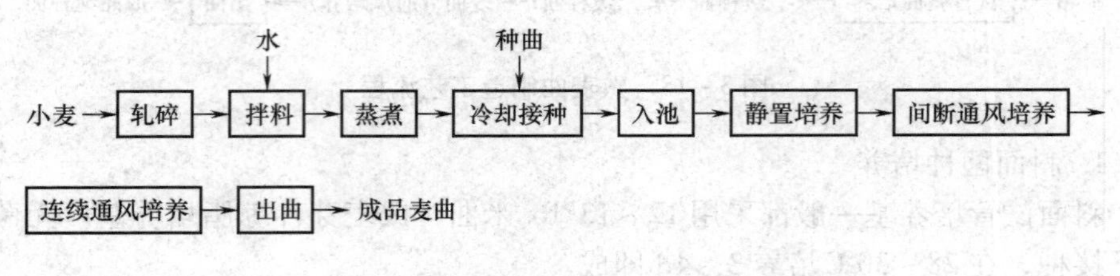

图3－20　通风制曲工艺流程

（2）操作方法与要求

①轧碎：操作与要求同踏曲生产。

②拌料：将轧好的小麦，加入约40%的水（在实际生产中，要根据小麦的含水量及气候适当调整），迅速翻拌，并堆积润料1h，使小麦均匀、充分吸水。

③蒸煮、接种：常用的方法有两种。一种是使用木甑常压蒸煮，用铁锹将原料锹入甑内，注意要使原料比较疏松地盛在甑内，增加透气性，通入蒸汽，待麦层比较均匀地有蒸汽冒出后，加盖再蒸45min。另一种是使用蒸球进行密封、转动蒸煮，因为是高压蒸煮从而缩短蒸煮时间。蒸熟的原料用扬渣机打碎，在这一过程中可以使用鼓风机将原料快速降温。在品温37℃左右时，接入种曲，接种量为0.3%～0.5%。接种时，为防止孢子飞扬和接种均匀，可以先将种曲与部分原料混合，并搓碎拌匀，撒在摊开的原料上，再将原料收集在一起，用扬渣机将原料再撒一次，从而保证种曲与原料混合均匀。接种后原料品温为33～35℃。

④入池：曲房在使用之前，一般采用硫熏法或甲醛法来彻底杀菌。然后将接种好的原料用车拉至曲池边，锹入曲池。注意将原料锹入曲池时，要快而有力地挥动铁锹，使原料撒在曲池中能比较疏松地堆积，最后将原料表面轻轻扫平。切忌把整车原料直接倒入池内，这样会使曲层松紧不一致或曲层厚度不一致，将会引起曲层在培养时的中后期品温差异较大，还会引起曲层开裂而影响通风，从而影响曲的质量。料层厚度一般为25～30cm，视气候而定。料层太厚，上下温差大，通风不良，会影响霉菌的均匀繁殖；但太薄则通风过畅，不利保温保湿，对霉菌生长不利，同时也会降低设备的利用率。曲料入池后品温一般在30～32℃。

⑤静置培养：这是孢子的萌芽阶段，一般需要6～8h。在这一阶段，需要为孢子的萌芽提供适宜的环境，主要是控制室温在30～31℃，相对湿度为90%～95%。在这一阶段，原料中的空气能够满足菌体的生长繁殖需要，并且菌体的生长不是十分旺盛，产生的热量及CO_2不是很多，不需要对曲层进行通风降温和排

出 CO_2，所以称为静置培养。

⑥通风培养：这一过程分间断通风培养和连续通风培养两个阶段。随着静置培养的进行，品温逐渐开始上升。当品温升至33～34℃时，需要通风来降低品温，并利用空气带走曲层中的 CO_2，当品温降低至30℃时停止通风。在这一阶段，由于菌丝还比较嫩弱，要注意控制风量。大的风量会引起曲层振动而导致原料之间的空隙减少，从而影响菌体的生长繁殖。同时要控制通风前后的温差，因为大的温差会使菌丝难以适应，并且较低的温度会导致品温难以迅速升起来，拉长培养时间。此阶段通风为室内循环风，温度最好保持在30～34℃，而且品温逐渐往上提，并要降温与保湿兼顾。间断通风3～4次后，菌体的生长繁殖开始进入旺盛时期，菌丝大量生长，产生大量的热量，品温上升很快。由于菌丝大量形成，曲料结块，影响通风效果，降温不再明显，应开始连续通风。如果池中曲料收缩开裂、脱壁，应及时将裂缝压灭，避免通风短路。要获得淀粉酶活力高的麦曲，品温应保持在38～40℃（表3－2），高于40℃对米曲霉的生长和产酶不利。为使品温不超过40℃，在通入室内循环风时要根据品温情况，在循环风中适当引入一些室外的新鲜风。到后期，曲霉菌的生命活动过程逐步停滞，开始生成分生孢子柄及分生孢子，此时曲中积累了最多的酶，如继续延长培养时间，会生成孢子，反而会降低酶活力。为阻止孢子的形成和成品曲便于贮存，在出曲前几小时，应提高室温通入室外风排潮。

表3－2 制曲温度与酶活力的关系

酶活力 / 温度/℃	α－淀粉酶	糖化酶	酸性蛋白酶
30	弱	弱	强
35	较弱	强	弱
40	强	强	弱

⑦出曲：关闭暖气片停止供热，随着室外冷风的通入，品温和湿度逐渐降低，及时出曲，从曲料入池到出曲约需36h。需要注意的是，有的厂使用的生麦曲表面全部呈黄绿色，实际上这时麦曲已经发酵培养过头，生成了大量的孢子，不但淀粉酶活力下降，而且酿成的酒苦味重。

随着科技的进步，目前先进的通风制曲已实现了自动化，改善了劳动条件，减轻了劳动强度，提高了食品卫生的安全性，制曲自动化生产技术是今后黄酒麦曲或米曲生产的趋势，代表设备是圆盘制曲机。

4. 纯种曲的质量要求

菌丝粗壮稠密，不能有明显的黄绿色，应有曲香，不得有酸味或其他的霉臭味，糖化力要求1000单位以上，水分25%以下。

制成的麦曲应及时使用，避免存放时间过长，这是因为在贮藏过程中，曲易

升温，生成大量孢子，造成酶活力下降，而且容易感染杂菌。短时间存放时，应摊开在通风阴凉处，并经常翻动，以利麦曲的散热和水分蒸发。

现在圆盘制曲机也在黄酒行业纯种曲的培养中得到应用。圆盘制曲机是在通风曲池基础上发展而来，具有以下特点：①从入料、出料、培养过程中的翻料到清洗，均实现机械操作，降低了劳动强度，改善了工作环境；②温度、湿度、风量的调控实现自动化，更好地满足培养过程中对湿度、温度、风量的要求，更有利于微生物的生长和产酶；③在整个操作过程中，人与物料不直接接触，避免了人为的污染；④可以将通风制曲与蒸饭工序设计在同一楼层，实现麦曲从制曲设备到落罐口的机械化输送。

二、米曲

（一）红曲

红曲是以大米为原料，在一定的温度和湿度条件下培养而成的一种紫红色米曲。它是我国黄酒生产中使用的一种特有的糖化发酵剂。红曲中的微生物主要有红曲霉菌和酵母菌等。由于经过了长期人工的选育和驯养，使红曲达到了现有的纯粹程度，这是我国古代在微生物育种技术上的一个成就。

我国红曲的产地主要是福建、浙江、台湾等省，其中以福建古田县的红曲最为闻名。福建红曲又分为库曲、轻曲和色曲，其中库曲主要用于酿酒，色曲用于作为食品天然红曲色素，轻曲应用介于两者之间。现代研究发现红曲中具有降血脂和降血压的有效成分，因此红曲产品的开发成为热点。目前红曲的生产有的已采用纯种厚层通风法（图3－21）和液态法培养工艺，但仍以传统法生产为主。

图3－21　纯种厚层通风法生产红曲

1. 工艺流程

红曲制造工艺流程如图3－22所示。

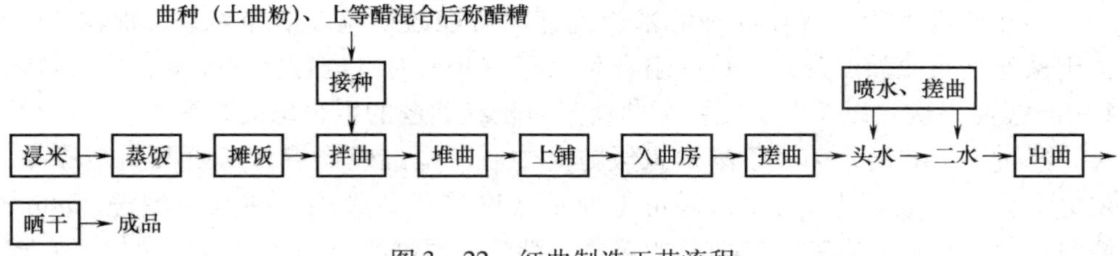

图 3－22 红曲制造工艺流程

2. 主要原料

制红曲主要原料是种曲、上等醋和米类。

种曲：红曲菌种来源于福建建瓯土曲，也称为乌衣红曲，或采用福建建瓯、政和、松县等酒厂的土曲与糯米酿酒所榨得的酒糟，俗称“糯米土曲糟”或称“建糟”。现在也有纯种法培养红曲的。

上等醋：制造库曲、轻曲，采用贮存一年半载的优良米醋即可；而制造色曲，由于生产周期较长，对醋的质量要求较高，要求贮存 3 年以上的陈年老醋，味酸带甜，性缓而经久的为佳品。

大米：根据制曲品种不同而有所区别，色曲应选用上等的粳米或籼米；库曲、轻曲最好选用高山红土地生产的籼米，这种米制成的曲色红且颗粒整齐，或用福建屏南县东丰、上楼一带的白早米，其横断面稍呈蓝色，所以又称“蓝骨米”。一般要求上等的精白大米。

3. 操作方法

（1）浸米 将选用上等的白米淘洗除去糠秕，用水浸泡 2～3h，以用手指一搓就碎为适度，即可捞起沥干，上甑蒸煮。

（2）蒸饭 当釜中水沸后，把沥干的米倒入甑内，待全面冒汽后加盖开大蒸汽续蒸，用潮湿的手摸饭不粘手即可。饭蒸熟软透时，将饭摊散于竹篓内。

（3）接种拌曲 饭冷至 40℃，就可以拌曲接种，原料配比见表 3－3。有的曲厂创造一种醋糟混合物。制曲种是将糯米 25kg 经浸渍蒸熟，淋水降温至 40℃左右，拌入土曲粉 10～12kg，陈放 2～3 个月后备用。制红曲时每 50kg 白米仅用醋糟 3～3.5kg。此法操作方便，成本较低。浙江省制红曲，是先用红曲做成酒醪后再用于接种。也有使用纯种红霉菌培养液作为曲种。拌曲时应搅拌均匀，然后入曲房保温培养。

表 3－3 红曲生产原料配比 单位：kg

曲类名称	配料			成品
	米	土曲糟	醋	
库曲	100	2.5	3.75	50
轻曲	150	3.75	5.375	50
色曲	200	5	7.5	50

（4）曲房管理　将拌好种的米饭挑到曲房堆放，盖以洁净麻袋，保温24h，由于菌丝繁殖使品温升高，待品温升高至35～40℃时，进行搓曲摊平，以后每隔4～6h搓曲一次，以调节温度。翻曲换气对于红曲菌的生长也极为重要。

经过3～4d后，菌丝逐渐透入饭粒的中心，呈红色斑点，这阶段为半成品，俗称“蛋花”或“上铺”。这时可把曲装入麻袋或竹筐内，在水中漂洗10min，使曲粒大量吸水，有利于红曲霉的繁殖。沥干后再堆半天，待升温发热时将它摊散铺平，每隔4～6h翻拌一次。当菌丝发育旺盛且分泌红色素，曲粒出现干燥现象（用手接触曲粒有响声）时，可适当喷水增加湿度并注意调整室温，使品温维持在25～30℃。自喷水后经3～4d，曲粒全呈绯红色，称为“头水”。此后，主要关键在于保持适当的温度和湿度，若喷水过多，升温太高，易使曲腐烂或生杂菌；若过于干燥，菌丝体不易繁殖，因此对温度、湿度要严格控制。操作时每隔6～8h翻曲一次，“头水”后3～8d，称为“二水”曲，曲粒表现是里外透红，并且有特殊的红曲香味，此时可将红曲移至室外，太阳晒干，即为成品。

红曲的酶活性及色度范围见表3－4。

表3－4　红曲的酶活性及色度范围

	糖化力①	液化力①	光密度②	水分/%
库曲	0.35～0.76	17.1～31.6	0.12～0.15	8.6～9.7
轻曲	0.66～1.84	75～150	0.15～0.17	10.7～12
色曲	2.10～2.73	155～185	0.20～0.23	10.5～11.2

注：①糖化力、液化力：每克绝干曲于60℃下作用1h，所产生的葡萄糖克数或能液化淀粉的克数。

②光密度的测定：曲：水＝1：5000，用光电比色计，520nm波长的滤色片。

（5）注意问题

①所谓的库曲、轻曲、色曲除了配料之外，主要在于制曲过程的后期管理不同。轻曲和色曲需要更多次进行喷洒少量水分，让菌丝的繁殖期持续时间更长些，使曲的重量更轻些，色素生成更多些。制库曲为8～10d，轻曲为10～13d，色曲为13～16d。还可视气温高低，将生产周期适当延长或缩短。

②红曲的繁殖，要在适宜的温度、湿度和酸度下进行。室温过高或翻曲不及时，会使品温过高，将烧坏菌丝；室温过低，保温不好，菌丝难以繁殖，致使酶活力不高，影响成曲质量；红曲霉菌的生长特点是耐酸，制曲时应调节适宜的酸度，以利曲菌繁殖和减少杂菌污染。

③红曲的糖化力较强而发酵较低，所以红曲酿酒时最好添加些酵母培养液，增加发酵效果。

（二）乌衣红曲

乌衣红曲中主要含有红曲霉、黑曲霉和酵母菌，是我国黄酒酿造中特种糖化发酵剂。

乌衣红曲酒的主要产地在浙江的温州、金华、衢州、丽水等地区和福建的建瓯、松溪、南平、惠安等地。乌衣红曲酒主要采用籼米为原料，以乌衣红曲作为糖化发酵剂。

福建的建瓯土曲和浙江的乌衣红曲的生产方法略有不同，主要表现在曲种的制作方面。建瓯土曲的曲种是培养曲公、曲母和曲母浆，从而进行扩大化培养的。其方法：

曲公：把50kg大米淘洗、浸透、蒸熟、摊冷至40℃左右，拌入曲公粉40g，曲母浆250~400g。在竹箩中保温至43℃才翻拌入曲房，品温维持38~40℃，喷水一次，经过4~5d出曲，晒干。其品质以粒硬有纯青红色者为佳。

曲母：把50kg大米淘洗、浸透、蒸熟、拌匀，摊冷至40℃左右，拌入曲公粉5~10g，曲母浆0.8kg。待升温至43℃左右，可入曲房，维持品温38~40℃，3~5d就可出曲干燥。质量以曲粒硬，色微红色为佳。

曲母浆：将大米1.5kg洗去糠秕杂质，加水约7.5kg煮成粥状，冷却至32℃左右，拌入曲母粉1kg。待发酵7d左右，有酒味并带辣时就可使用。

浙江的乌衣红曲的曲种培养是：乌衣红曲中的乌衣——黑曲霉已进行纯种培养。红曲霉与酵母菌培养是用红曲种进行扩大培养成红糟，再扩大到大米上。其方法是：把0.5kg的红曲种浸于1.75kg的冷开水中，约20h，以曲粒能浮起为准。再将1kg糯米所蒸得的饭冷却到35℃左右时加入。下缸品温一般在28~30℃，发酵旺盛时品温不可超过33℃，投料24h开耙，培养繁殖5~7d后便可以使用，接种量为0.6%~0.8%。

1. 工艺流程

如图3-23所示。

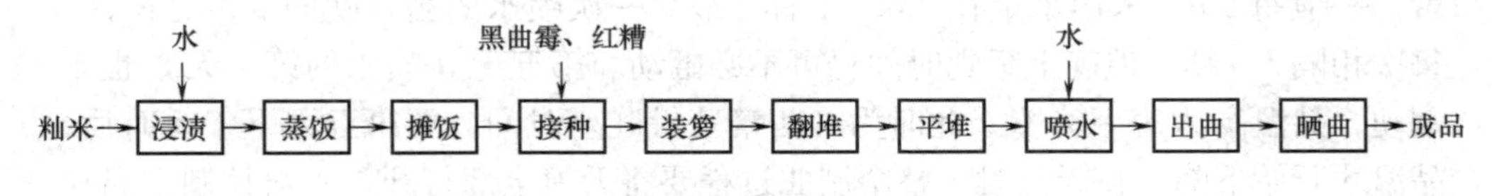

图3-23 乌衣红曲制造工艺流程

2. 操作方法与要求

（1）浸米、蒸饭 一般气温在15℃以下，浸渍2.5h；气温15~20℃时，浸渍2h；气温20℃以上时，浸渍1~1.5h。浸后用清水漂洗干净，沥干后常压蒸煮，圆汽后5min即可，要求米饭既无白心，又不开裂。

（2）摊饭、接种 摊饭时间要尽量短，摊冷至34~36℃，每50kg米接入黑曲霉3.75g（这是指一般情况，主要应视其品质而定），略加拌匀，随后再加红糟0.625kg，充分拌匀，便可装箩进行培养。这时品温下降1~2℃。

（3）装箩 接种后的米饭装入竹箩中，轻轻摊平，盖上洁净的麻袋，送入曲房保温培养。一般室温在22℃以上，大约经过24h，品温可以达到43℃（以箩

中心温度为准)，当气温较低时，时间会延长。此时米粒已有1/3有白色菌丝(如为黑曲霉其米粒呈黄色)和少量红色斑点，其他仍为原饭粒。这是由于不同微生物繁殖所需的温度不同所致，箩心温度最高，适宜红曲霉繁殖；箩心外缘温度在40℃以下，黑曲霉繁殖旺盛；接近箩边处温度低，饭粒仍为原色。

(4) 翻堆　待箩中品温上升至40℃以上时，即可倒在曲房的砖地或水泥地面上，加以翻拌，重新堆积，品温下降。以后，在第一次品温上升至38℃时，翻拌堆积一次；第二次品温又上升至36℃，再翻拌堆积一次；第三次品温上升至34℃左右，再翻拌堆积一次；第四次品温上升至34℃，最后翻拌堆积。每次翻拌堆积的间隔时间，气温在22℃以上时约1.5h；气温在10℃左右，有必要延长至5~7h才翻拌堆积。

(5) 平摊　待饭粒已有70%~80%出现白色菌丝，按照蒸饭装箩的先后次序，每堆翻拌摊平。平摊所用的工具为木制有齿的耙，耙齿经过的曲层，凹处约3.5cm，凸处约15cm，成波浪形。

(6) 喷水　平摊后，品温上升到一定程度时，便可以喷水了。但天热和天冷时操作略有不同：气温在22℃以上的热天，当曲料耙开平摊后(一般均掌握在下午5时翻堆，主要是为了晚上不喷水，便于白天喷水时间的掌握)，至次日早晨品温上升至32℃(约经15h)，每50kg米的饭喷水4.5kg，经2h将其翻耙一次，再经2h品温又上升至32℃，再喷水7kg，至当日晚上止，中间翻拌两次，每次间隔3h左右。而晚上便可不翻拌，至第四天(喷水的第二天)早晨8时又喷水5kg，经3h后(中间翻耙一次)品温上升至34℃，再喷水6.25kg，这次用水必须按饭粒上霉菌繁殖情况来决定。如用水过量，容易腐烂而被杂菌污染。用水过少，又容易产生硬粒影响质量。所以要根据曲粒的繁殖情况适当确定加水量，一般每50kg米用水量在23kg左右。最后一次喷水的当日晚间要翻耙两次，每次相隔3~4h，但晚上睡觉时间仍可不必翻动。第五天(喷水的第三天)也不翻动，品温高达35~36℃，此时为霉菌繁殖最旺盛时间，至第五天下午5时后，品温才开始下降。在天热时，整个制曲过程要将天窗全部打开，一般控制室温在28℃左右；气温在10℃左右的冷天，室温只能保持在23℃左右，所以曲料自耙开平摊后，经11h左右品温才逐渐上升至28℃，此时每50kg米饭喷水3.5kg并进行翻拌。经5h，品温又上升至28℃左右，此时再喷水4.25kg并翻拌一次，约经4h，品温又上升至28℃，喷水5kg再翻拌一次，又经3h再翻拌一次。因第三次喷水一般已在下午5时，而又要经过一夜的较长时间，会使上下繁殖不一。第二天(指喷水的第二天，即蒸饭算起的第四天)同样喷水三次，时间基本与前一天相同。总之以品温上升至28~30℃就进行喷水和翻拌操作，唯前两次喷水翻拌每50kg米的饭每次用水4.5kg，第三次翻拌操作也以饭粒霉菌繁殖的程度而定，用水量与天热时掌握的大致相同。其总用水量以每50kg米为26.5kg左右。而最后一次喷水翻拌后3h，要检验一次，以没有硬粒为准，否则次日早晨再使

用适量的水翻拌一次。第五天（从蒸饭起算）同样不翻动。

（7）出曲、晒干 一般情况下，第6～7天曲已经成熟，即可出曲。目前制曲过程大半凭自然气温而定，因此出曲时间亦因气温而有所不同。上述操作仅为生产中的一般情况。曲出房后，将其摊在竹簟上，经阳光晒干，否则贮存期间易产生高温，易被杂菌污染而使曲变质。

三、黄衣红曲

黄衣红曲生产方法与乌衣红曲基本相同，不同点是菌种使用黄曲霉代替黑曲霉。

中国的曲，各地都有自己的特色，也有采用多种原料混合培养的，也有采用豆类原料加入其中的，更有采用药材与植物甚至动物组织制曲的。总之，只要能水解淀粉，并能获取本类产品所固有风格特征的，能生产出符合要求的黄酒产品的，无论是采用什么生产方法、什么工艺、什么原料都应得到肯定。有的黄酒生产企业，为提高出酒率，防止出现发酵过程中醪液酸度过高，采用添加或部分添加纯种曲霉，这一方法已得到证明，是行之有效的，只是所生产的黄酒风味显得单调而淡薄，用来生产清爽型黄酒应该是一个选择途径。

第四节 酵 母

酵母是一种单细胞微生物。早在公元3000年前，人类就开始利用酵母来制作发酵产品及酿酒。“若作醪醴，尔唯曲蘖”指的就是酿酒要用微生物制品。当时虽然不知道其中的微生物，但知道利用这类物质才可以酿酒。最晚于我国的晋代，就知道如何制作酒药（酒曲），开始人为地培养酵母了。酒药并非只是酵母制品，它是与曲霉共生的混合体。传统黄酒酿造中的淋饭酒母，也只是将混合体在适合酵母生长的环境下，进行扩大培养。单一的淋饭酒母，也是黄酒的一种产品。

我国于1922年在上海食料厂开始生产纯种的面包酵母。20世纪30年代后以陈駒声、方心芳、金培松等老一辈微生物科学家开始从我国的酒药与酒曲中分离与优化培养霉菌与酵母。20世纪70年代以来，原天津轻工业学院（现天津科技大学）、中国科学院微生物所、原轻工业部食品发酵工业研究所（现中国食品发酵工业研究院）、湖北宜昌安琪酵母有限公司、广东丹宝利酵母公司等单位进行了酿酒用活性干酵母的研究与制造工作，并取得了一系列研究成果。在20世纪90年代前后，逐渐开始投入工业化生产，使酿酒用活性干酵母的产品形成了专一化和系列化。

一、酵母

（一）酵母代谢机理

酵母为兼性微生物，在有氧呼吸或无氧发酵条件下都能生长。有氧存在时，称耗氧发酵，会诱导能量代谢由发酵向呼吸转化；无氧时，称厌氧发酵，发酵由呼吸向能量代谢转化。黄酒及酿酒过程中的发酵一般大多指厌氧发酵。纯种酵母的发酵生产与酿酒的发酵生产刚好是酵母有氧代谢与无氧代谢的代表。

所谓代谢，是指微生物将一种物质通过能量转换产生了另一种物质。黄酒酿造过程中的酵母菌生长繁殖所需能量主要来自糖类的分解代谢。在有氧或无氧条件下酵母菌转变葡萄糖等形成代谢产物并释放生物合成能量，是通过有氧代谢下的呼吸作用与无氧代谢下的发酵作用来完成的。

关于酵母的糖代谢，将在黄酒酿造技术的发酵机理中详细论述。

这里简要介绍酵母糖代谢的四个效应：

1. 巴斯德效应

巴斯德在研究酵母菌的酒精发酵时，发现在有氧的条件下，由于进行呼吸作用，酒精产量大为降低，单位时间内的耗糖速率也减慢，这种呼吸抑制发酵的作用，称为巴斯德效应。经对巴斯德效应的研究，得出了酵母对葡萄糖的得率在有氧条件下约为无氧条件下的5~10倍，且通过氧化途径，菌体消耗葡萄糖的速率比发酵作用低。巴斯德效应是一种重要的调节机制，用来调节葡萄糖的利用率以满足细胞对能量和用于合成作用的中间代谢物的需要。

2. 克雷布特效应

在有氧的条件下，较高的糖浓度抑制酵母的呼吸作用，使之进行发酵作用产生乙醇，而酵母得率下降。这种呼吸作用的减弱称为克雷布特效应。据报道，当葡萄糖浓度超过5%时，就会使酵母二细胞中呼吸酶的合成和线粒体的形成受到抑制，酵母的生长速率明显下降。

由巴斯德效应和克雷布特效应可知，酵母菌的糖代谢途径受到溶解氧和糖浓度的影响，使呼吸和发酵作用间彼此相互调节。酿酒酵母一般具有较弱的巴斯德效应和较强的克雷布特效应，在酵母生产时，为了获得较高的酵母得率，就必须严格控制糖的浓度。对于假丝酵母，克雷布特效应较弱，在酵母生产时，糖浓度的控制没有酿酒酵母严格。

3. 卡斯特效应

在有氧条件下，酒香酵母发酵葡萄糖的速度比在无氧的条件下更快，在大多数酒香酵母中都发现了这种效应。

4. 反巴斯德效应

来自于啤酒酵母和葡萄酒酵母的早期培养液中的静置细胞，在厌氧条件下，悬浮于适当的缓冲液中，与在空气中比较，显示出强烈的抑制酒精发酵作用。Wiken 和 Richard（1953）将这种现象称之为反巴斯德效应。卡斯特效应和反巴斯德效应的另一种解释是，在酒精发酵初期，适当的供氧刺激能量代谢，促进细胞生长，进而促进酒精发酵。

（二）活性干酵母

1. 活性干酵母的发展简介

原始的活性干酵母起源于19世纪上半叶。当时，酵母的干燥方法极其简单，主要有：①吸附法，将压榨酵母吸附在纸上；②吸水干燥法，将压榨酵母与淀粉、面粉等食物混合吸水干燥。这些方法可把酵母干燥至含水分20%左右，这种原始的活性干酵母由于水分大，保存期短。

至20世纪20年代后，我们今天所熟知的活性干酵母的生产方法已基本形成，至50年代，压榨酵母的干燥方法以盘架式、干燥室式和隧道式干燥为主。在这些干燥方法中，酵母被挤到由多孔的不锈钢槽构成的输送器上，慢慢通过不同温度和湿度的干燥区，空气从底部或从上面吹入，大约10h后，通过不同的区域，并保证酵母颗粒加热温度不超过40℃，产品的固形物达到92%以上时即可以进行包装，供应上市。

目前，活性干酵母的水分含量已降至4%～5%，发酵力超过了1000mL，抽真空或充惰性气体包装后，保存期可达2年以上。使用气流沸腾干燥方法所得的干酵母，活性很高，面包酵母可以不需水活化而直接与面粉混合使用。

20世纪50年代末至60年代初，在面包酵母品种出现多样化的同时，开始出现了酿造活性干酵母。面包酵母工业是从啤酒酒精工业的副产物酵母泥开始发展起来的，现在所用的面包酵母菌种大多都是从啤酒生产中的发酵酵母和酒精酵母中分离经诱变和育种而来。后来，反过来借鉴面包活性干酵母的生产方法，来研究制造酿造用活性干酵母。目前，在国内外酒精、葡萄酒、蒸馏酒及我国的黄酒等酿造工业中，已普遍使用活性干酵母。

2. 黄酒活性干酵母

黄酒活性干酵母是酒用活性干酵母中的一种。安琪活性干酵母是其中较好的一种。

安琪酵母股份有限公司依托自身强大的科研开发及应用能力，从大量的绍兴酒醪中分离出优良酵母菌种，经过筛选和改良，生产出专用于黄酒生产的高活性干酵母，从根本上解决了传统工艺受限条件。

黄酒活性干酵母具有适应温度范围宽20～40℃、耐酒精≥16%（体积分数）、耐贮存等特点，保质期达到两年，因而能有效地适应黄酒业比较粗放的生产环境，从而达到降低黄酒业劳动强度、稳定酒质、提高出酒率、节约粮食的目的。黄酒活性干酵母只需添加投料量0.5%～1%的干酵母取代工厂原用的自培酒母，即可进行正常发酵，经济效益显著。黄酒高活性干酵母使用方法简单，能减轻工人的劳动强度。经众多知名黄酒生产企业使用后反馈，黄酒高活性干酵母能有效防止黄酒的酸败问题，并可稳定酒质，提高出酒率；目前该产品已经在红曲黄酒、小曲黄酒、麦曲黄酒各种黄酒品种中都有应用，使用黄酒活性干酵母后，酵母在整个生产过程中始终处于绝对优势，增加酵母的活力，增强发酵力。同时，由于酵母发酵旺盛，发酵醪酸度低，给操作带来了不少方便。

二、酒药

酒药的制造方法有传统法和纯种法两种。传统法中有白药（添加辣蓼草粉）和黑药（添加多味中草药）之分。纯种法采用纯种根霉和酵母培养在麸皮或米粉上制成，以麸皮为原料时，一般采用根霉和酵母分别培养后按比例混合；而以米粉为原料时，采用根霉和酵母按比例接种培养而成。传统法生产的酒药是多种微生物的共生体，这是形成黄酒独特风味的原因之一。而纯种法生产酒药能减少杂菌污染，发酵产酸低，成品酒的质量均匀一致，口味清爽，还可提高出酒率。

（一）传统法酒药

酒药（酒曲、白药）是我国独特的酿酒用糖化发酵剂。据分离研究，酒药中以根霉为主，酵母次之。所以酒药具有糖化和发酵的双边作用。酒药中尚含有少量的细菌、毛霉和犁头霉等，如果培养不善，质量差的酒药会含有较多的生酸菌，酿酒时控制不好，则发酵液就容易增酸。由于酒药进行了长期的人工选育、驯养以及各种条件下的自然筛选，使现在使用的酒药成了优良的酒药。在我国南方使用酒药较为普遍，不论是传统黄酒生产或小曲白酒生产都要用酒药。在绍兴酒中，是以酒药发酵的淋饭酒醅作为酒母，然后用于生产摊饭酒，它是用极少量的酒药通过淋饭法在酿酒的初期进行扩大培养，使霉菌、酵母菌逐步增殖，达到淀粉原料充分糖化发酵的目的，同时还起到了驯养酵母菌的作用。这是绍兴酒生产独特之处。

传统酒药以绍兴酒所用的酒药最为有名。绍兴酒所用的酒药，早年采用宁波蓼曲（俗称酒药），20 世纪 60 年代以来已用本厂制造的酒药来生产黄酒。宁波酒药是用早米粉为原料，添加辣蓼草粉为辅料，取用上一年优良酒药接种，以人工掌握发酵条件，自然培育而成。

绍兴制酒药所用的辣蓼（土名水蓼、虞蓼、泽蓼、川叶）是一年生的草本植物。茎直立，高 1m 左右，分枝稀疏，节突起，茎面通常呈红紫色。叶有柄，深绿色，叶面有八字状的黑斑，味辛辣，托叶口缘有刺毛。秋季枝梢出花穗，向下垂。花味辛辣，白色，现淡红晕，雄蕊八枝，萼分五片，各片之间裂口较深，散布绿色的点腺，上部呈红色。结果实时红绿相映，极为美丽。

据方心芳先生所做的研究证明，辣蓼草中含有丰富的酵母菌及根霉菌所需生长素，有促进菌类繁殖作用。据陆步诗等研究，在一定范围内，随着辣蓼草的增加，酒药中的霉菌和酵母的数量相应增加，尤其以曲心的增加更为显著，但当添加量超过一定值以后，其增加的效果开始缓慢甚至出现负增长，细菌的总数随辣蓼草添加量的增加而减少。这是由于辣蓼草含有丰富的生长素，可促进霉菌、酵母的生长发育，而其含有的挥发油、黄酮类物质对细菌产生抑制作用，辣蓼草含有一定的有机酸，在酒药培养基中加入辣蓼粉后，其 pH 在 6.0 ~ 6.9，适合于霉

菌、酵母（最适 pH4.2 ~ 6.2）生长，而不利于细菌（最适 pH7.1 ~ 7.4）的生长，此外，辣蓼草的添加使小曲的疏松度提高，透气性增强，表现在曲心的霉菌、酵母数量显著增加。图 3 – 24 所示为酒药摆药和培养过程图。

(1) 人工摆药　(2) 摆后状态　(3) 保温保湿　(4) 培养结果

图 3 – 24　酒药摆药和培养过程图

在酒药生产中，除采用辣蓼草的经验外，还要认真挑选优良种母进行接种，其挑选标准是糖化和发酵力强、生酸低、酒的香味好等。其次是原料处理及配料要严格，原料须采用当年早籼新米。据有关部门研究，陈米、稻谷和大米籽粒表面与内部寄附着种类繁多的微生物，主要有细菌、放线菌、霉菌、酵母菌及植物病原菌等类微生物。一般的带菌量，少的几百个到几千个，多者以千万和亿来计。所以，认真挑选新鲜原料是非常重要的，否则米粉中大量杂菌必将影响根霉、酵母菌等酿酒有益微生物的繁殖并影响酒药的质量。合理的配料目的是给酿酒的微生物创造良好的生长繁殖环境和供给足够的营养成分，其中包括碳源、氮源以及微量元素等。在培养过程中根据老技工的丰富经验又巧妙地掌握温度、湿度、水分、酸度等条件，有效地控制有害微生物的侵入和繁殖，为酿酒微生物创造适宜的生长和繁殖条件。

1. 工艺流程

工艺流程如图 3 – 25 所示。

2. 原辅料的选择与制备

（1）新早糙籼米粉的制备

在制酒药的前一天磨好米粉，细度以通过 50 目筛为佳，磨后摊冷，以防发热变质。要求碾一批，磨一批，生产一批，保证米粉新鲜，确保酒药的质量。

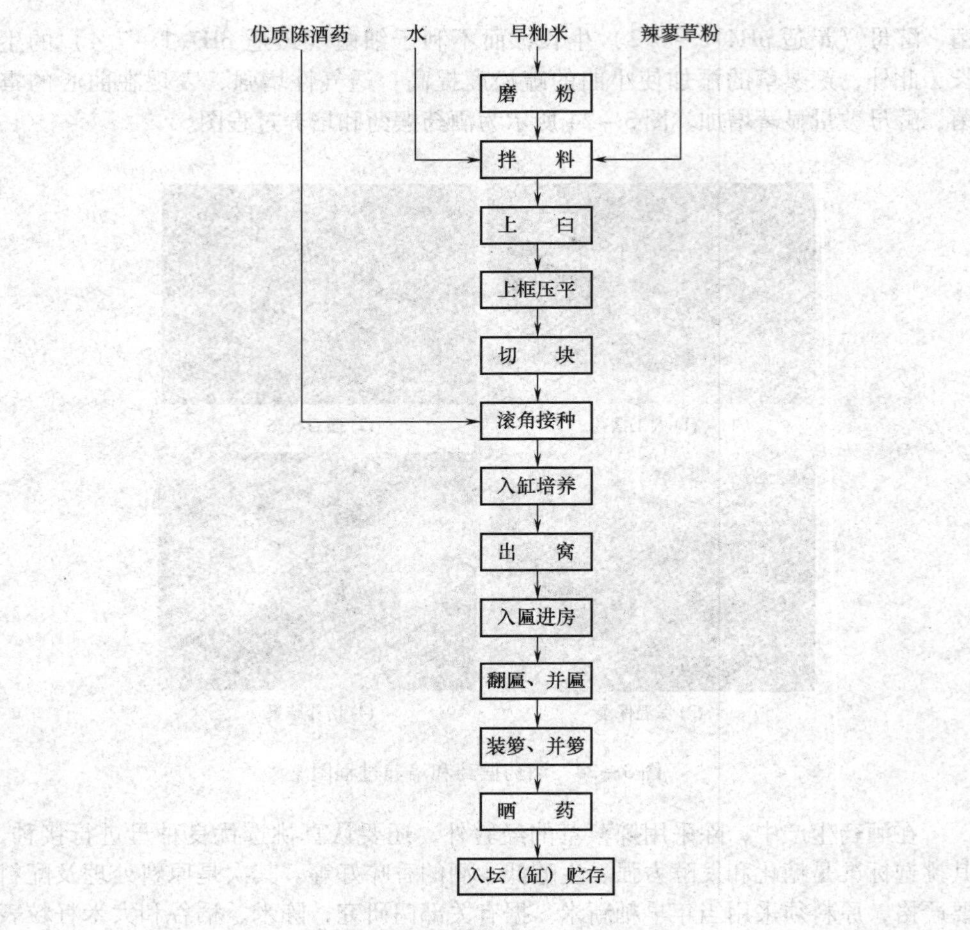

图 3－25 传统酒药工艺流程图

（2）辣蓼草粉的制备 它的制法是在每年 7 月中旬取尚未开花的野生辣蓼草，除去黄叶和杂草，必须当日晒干，趁热去茎留叶，并粉碎成粉末，过筛后装入坛内备用。如果当日不晒干，色泽变黄，将影响酒药的质量。

（3）种母（娘药）的选择 在前一年选择生产中发酵正常，温度易掌握，糖化发酵力强，生酸低和黄酒质量好的酒药作为种母。

（4）水的要求 采用酿造用水。

（5）生产准备工作 在生产中各工序需确定专人负责，操作工要分工明确，如拌料、切块滚角、进窝等工种的分工。同时要搞好环境卫生和用具等卫生工作，如生产用的陶缸、缸盖竹匾等要做好消毒工作（主要方法是在太阳下曝晒，新稻草要去皮、晒干，谷壳要求新鲜的早稻砻糠）。

3. 操作方法

（1）配方 糙米粉: 辣蓼草粉末: 水＝20:（0.4～0.6）:（10.5～11）。

（2）上臼、过筛 将称好的米粉及辣蓼草粉倒石臼内，充分拌匀，加水后再充分拌和，然后用木杵捣拌数十下至上百下，以增强米的韧性。捣拌后，取出在谷筛上搓碎，移入打药木框内进行打药。

（3）打药 每臼料（20kg）分三次打药（每次约6.67kg）。木框长70～90cm，宽50～60cm，高10cm，上覆盖软席用铁板压平，去框，再用刀沿木条（俗称划尺）纵横切开成方型颗粒，分三次倒入悬空的大竹匾内，将方形滚成圆形，然后加入3%的优质陈酒药粉（娘药），再行回转打滚，过筛使药粉均匀地粘附在新药上，筛落碎屑并入下次拌料中使用。

（4）摆药培养 培养采用缸窝法，即先在缸内放入新鲜谷壳，距离缸口沿边的0.3m左右，铺上新鲜稻草芯，将药粒分行留出一定间距，摆上一层，然后加上草盖，覆上麻袋，进行保温培养，气温在30～32℃时，经14～16h品温升到36～37℃时，可以去掉麻袋。再经6～8h，手摸缸沿有汽水，并放出香气，可将缸盖揭开，观察此时药粒是否全部而均匀地长满白色菌丝。如还能看到辣蓼草粉的浅草绿色，这说明药粒还嫩，不能将缸盖全部打开，应逐步移开，使菌丝继续繁殖生长。用移开缸盖大小的方法来调节培养的品温，以促进根霉生长，直至药粒菌丝用手摸不粘手，像白毛小球一样，方将缸盖揭开以降低温度，再经3h可出窝，晾至室温，经4～5h，使药坯结实可以入蒸房。

（5）出窝并匾 将酒药移至匾内，每匾盛药3～4缸的数量，不要太厚，防止升温过高而影响质量。主要应做到药粒不重叠而粒粒分散。

（6）进保温室 将竹匾移入不密闭的保温室内，室内有木架，每架分档，档距为30cm左右，并匾后移在木架上。气温在30～34℃，品温保持在32～34℃，不得超过35℃。装匾后经4～5h第一次翻匾（翻匾是将药坯倒入空匾内），至12h，上下调换位置。经7h左右做第二次翻匾和调换位置。再经7h后倒入竹簟上先摊2d，然后装入竹箩内，挖成凹形，并将箩搁高通风，以防升温，早晚倒箩各一次，2～3d后移出蒸房（保温室），随即移至空气流通的地方，再放置1～3d，每早晚各倒箩一次。自投料开始培养6～7d即可晒药。

（7）晒药入库 正常天气在竹簟上须晒3d，第一天晒药时间为上午6～9点，品温不超36℃，第二天为上午6～10点，品温为37～38℃，第三天晒药的时间和品温与第一天一样。确认酒药已晒干，手中掂量已很轻了，然后趁热装坛或装缸密封备用，坛、缸要先洗净晒干，坛外要粉刷石灰灭菌。测水分含量应低于11%。

（二）纯种法酒曲（药）

我国传统酿造黄酒所用的糖化、发酵剂为酒药，它是采取自然培养制造而成的。除了培育较多的根霉菌和酵母菌以外，由于在培育过程中原料及工具等都没有经过严格灭菌，又没有一定的培养室，因此多种菌类同时生长，包括有益的和有害的。所以酒药是一种多种微生物的共生体，这就是形成黄酒独特风味和特有风味的原因之一，也就是多种菌发酵的特点。但不可否认，还存在着不少缺点，最主要的缺点：因为酒药是多种菌共存，为了保证糖化、发酵顺利进行，酿酒必须选择在低气温下进行生产，以达到低温、缓慢发酵的要求，防止产酸细菌繁殖生长而造成升酸或酸败。所以传统黄酒生产的季节要选择在立冬到立春之间就是这个道理。因为这段时间是全年气温最低的阶段，而这段时间又非常短暂，只有3个月的时间，生产非常集中，致使场地和设备利用率都很低，所以传统的黄酒生产对扩大生产、提高经济效益都会带来一定的影响。如超季节生产，质量又无法保证。

为了达到既采用传统生产工艺，又能较为容易地生产黄酒的目的，利用微生物技术，人工培养纯种根霉和酵母菌代替了传统的酒药，取得了较显著的效果。纯种培养有各种不同的方法，上海酒药厂采用了液体深层通氧法培养根霉菌，制造浓缩根霉菌获得成功，为提高酒质量和机械化生产开创了一条新的路子，也为发展纯种根霉生产黄酒提供了一个有利条件。而酵母采用液态培养也是一项较为成熟的技术，二者结合，一种纯种的酒药也就出现了。目前，较多使用的纯种酒药，大多采用的是厦门白曲（药）的生产方法。福建厦门白曲，也是纯种根霉和酵母培养的一种糖化发酵剂。它的原菌种是厦门白曲。厦门酒厂的技术人员通过米粉作培养基培养根霉菌，培养成固体三角瓶种子，酵母菌用液体为培养基，培养成液体三角瓶种子，制白曲时两种三角瓶种子按适当比例混合在米糠和少量米粉的培养基上进行培养。制成的白曲为粉状或粒状。

1. 根霉曲的生产

在根霉曲刚推广的时候，酒厂大多使用曲盒制根霉曲，以后才有一些厂采用曲池通风法制根霉曲。还可用竹帘制根霉曲。若以竹帘制根霉曲，则可用大三角瓶、曲盒培养的固态三级或四级种子，或以大三角瓶、培养缸培养的液态三级、四级种子进行扩培；若用曲池通风法制根霉曲，则扩培级数可能与帘子法相同，也可能要增加一级。曲池通风法制根霉曲的优点是：劳动强度低、产量大，但其设备投资大，因扩培级数多工艺要求也较高，故通常适用于大、中型企业；曲盒法则适用于小厂。就操作难易程度及成曲质量而言，曲盒法的培养条件较易控制，成曲质量也较高，故目前有些生产并出售根霉曲和根霉三级种子的企业，仍采用曲盒法。

2. 根霉曲的质量

（1）感官指标

外观：粉末状到规则颗粒状，颜色近似于麸皮，色泽均匀一致，无杂色，具有根霉曲特有的曲香，无异杂气味。

试饭要求：饭面均匀，无杂菌斑点，饭粒松软，口尝甜酸适口，无异臭味。

（2）理化指标

水分：根霉酒曲≤12%；根霉甜酒曲≤10%。

试饭糖分（单位：g/100g，以葡萄糖计）：根霉酒曲≥20；根霉甜酒曲≥25。

试饭酸度（以1g饭消耗0.1mol/L NaOH mL数计）：≤0.45，或根霉酒曲≤0.7，根霉甜酒曲≤0.5。

糖化发酵率≥70%。

（3）微生物指标　酵母细胞数为（0.8～1.5）$\times 10^{8}$个/g。纯种酵母可在投料培养时一并加入，也可在根霉培养完成后，以活性干酵母的形式加入其中。

在上述各项指标中，最主要的是成曲水分和试饭糖分，且这两项指标与成品的保存性密切相关。每一种根霉曲，若其干燥温度高、干燥时间长，则产品的水分就低，但根霉曲的活性损失程度就大，故试饭糖分就低。当然，水分低的曲有利于长期保存；若产品水分较高，则结果就与上述状况相反，这种曲需在短期内使用。据有的专家试验证明，含水量为12%的根霉曲，在常温下贮存半年后，其试饭糖分值约下降40%；而含水量为6.5%的根霉曲，在常温下贮存1年后，其试饭糖分值几乎没有下降。所以，有关企业在制订本厂的根霉曲质量标准时，可以含水量和试饭糖分等为主要指标，对产品进分级论价。

3. 根霉曲制作中的杂菌污染与防治

（1）毛霉、犁头霉的污染与防治　若在根霉曲上有直径为2cm左右的圆形斑点、菌丝很紧密、孢子似根霉但色泽较深，则大多为污染毛霉或犁头霉。根霉曲室应远离粮库、大曲曲房等污染源。

（2）污染曲霉的现象及防治　污染根霉曲的曲霉主要为黑曲霉和黄曲霉，表现为在根霉曲中有分散的丝绒状深黑色或黄绿色的菌落，且在培养基内部的细丝较浓、颜色发白。因有些黄曲霉能产生黄曲霉毒素，如果根霉曲污染了黄曲霉，则不宜用于制酒娘或黄酒。曲霉孢子大多从粮食、麸皮、大曲经空气飞扬而至，故在制作根霉曲时，除了注重环境外，若发现污染黄曲霉，则应立即清除，以免曲霉孢子扩散。

（3）念珠霉的污染及防治　若在根霉曲房或烘房中，从曲子上闻到一股带甜的花果味，且曲的表面发白，用手指一摸就会沾一层白沫，则无疑是污染了念珠霉。污染念珠霉，开始可能是原料中的念珠霉孢子飞扬所致。若一旦污染此菌，则由于其孢子很轻，故很易到处扩散，有的厂曾在几个月内也难以消除念珠霉的污染现象，因此，如果污染该菌，应全面停产，进行彻底消毒，目前，酿酒界对念珠霉的危害性认识不尽一致，有的人认为，此菌不会影响糖化效果和出酒率，而且还能带来一定的香味；但有的专家则认为，念珠霉的繁殖，必然会消耗养分，如果污染少量念珠霉，可能不会使出酒率明显下降，然而，当污染现象较严重时，则会影响出酒率。

（4）枯草芽孢杆菌的污染及防治　若在根霉曲中存在少量的枯草芽孢杆菌，则属于正常现象而可以不做处理，但如果在根霉曲房或烘房中能闻到一股明显的馊臭气味，则表明已污染了大量的枯草芽孢杆菌，若将这种根霉曲用于酿酒，则必然会严重影响糖化、发酵和产品质量。

因此菌主要存在于空气和原料之中，故在制作根霉曲时，应将原料蒸透，并严格控制好根霉曲的培养条件。在培养前期，应将品温控制在30℃以下，以利于根霉菌生长而不利于枯草芽孢杆菌繁殖；根霉菌在生长过程中会产酸而使培养基的pH下降，以抑制枯草芽孢杆菌繁殖。若根霉曲污染大量枯草芽孢杆菌，则需对曲室、烘房、曲盒、烘盒进行严格消毒后再使用。

三、酒母

酒母，意为“酿酒之母”。黄酒是一种含酒精的发酵酒，需要大量酵母的发酵作用，在黄酒发酵过程中，尤其是在以传统法生产的绍兴黄酒发酵醪中，酵母细胞数达6~8亿个/mL，发酵醪的酒精含量最高可达20%以上，这在世界发酵酒中是罕见的。可见，酵母的数量和质量对于黄酒的酿造特别重要。创造适宜的环境条件，来扩大培养酵母菌的过程，称为酒母的制备。酒母的优劣是决定黄酒酿造中发酵好坏的关键，也与黄酒风味有着重要的关系。

黄酒酵母不仅要具备酒精发酵酵母的特性，而且要适应黄酒发酵的特点，其主要性能要求：

（1）发酵能力强，而且迅速；

（2）繁殖速度快，具有很强的增殖能力；

（3）耐酒精能力强，能在较高浓度的酒精发酵醪中进行发酵和长期生存；

（4）耐酸能力强，对杂菌具有较强的抵抗力；

（5）耐温范围大，在较高和较低温度下均能进行繁殖和发酵；

（6）发酵后的酒应具有黄酒特有的香味；

（7）用于大罐发酵的酵母，发酵产生的泡沫要少。

黄酒酒母一般分为自然培养的淋饭酒母和纯种培养酒母。纯种培养酒母是由试管菌种开始，逐步扩大培养而成。因制法不同又分为速酿酒母和高温糖化酒母。

制造酒母需要有适当的培养条件，主要是营养、温度和空气。适当的酸度可在酵母的发育过程中抑制杂菌的繁殖。酵母生长最适pH为4.5~5.0，但在pH4.2以下也能发育，而细菌在此pH范围内则难以生长。pH对酵母和细菌生长的影响如图3-26所示。

因此在培养酵母时，可以采用比较低的pH，这样对酵母的发育影响甚微，但却大大抑制了细菌的发育。如果维持pH在3.8~4.2，就可以在不杀菌的情况下进行酵母的纯粹培养。

根据上述原理，为了获得大量强壮的优良酵母细胞，制造酒母时要有一定数量的酸存在。酿造黄酒以乳酸最好，因乳酸的抗菌力比其他酸类强，对糖化的阻碍很小。成品酒中含有适量的乳酸，还可以改善风味。速酿酒母和高温糖化酒母靠人工添加食用乳酸，淋饭酒母则是利用酒药中的根霉和毛霉生成的乳酸。测定

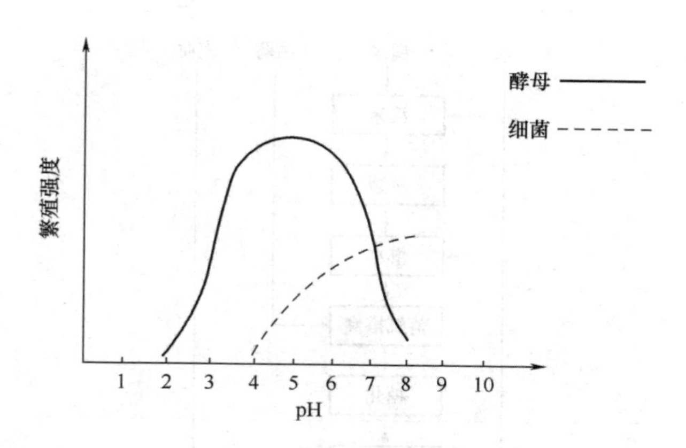

图 3－26 pH 对酵母及细菌发育的影响

淋饭酒母冲缸前酒窝甜液中的 pH，一般在 3.5 左右，冲缸后搅拌均匀的 pH 仍在 4.0 以下。在这样的酸性环境下，无疑有利于抑制杂菌。这也说明了尽管酒药和空气中含有复杂的微生物，而淋饭酒母仍能做到纯种培养酵母，主要在于适当的 pH 起了驯育酵母及筛选与淘汰微生物的作用。

（一）淋饭酒母

淋饭酒母又称“酒娘”，是将蒸熟的米饭采用冷水淋冷的操作而得名。淋饭酒母的生产，一般在摊饭酒生产以前的 20～30d 便开始。传统上安排在立冬（公历 11 月 7 日左右）以后开始生产，现在生产时间有所提前。酿成的淋饭酒母，经过挑选，质量优良的作为摊饭酒母，多余的作为摊饭酒发酵结束时的掺醅，以增强后发酵的发酵力。

1. 工艺流程

工艺流程如图 3－27 所示。

2. 配料

配料量见表 3－5。

表 3－5 淋饭酒母配料 单位：kg

名称	用量
糯米	125
麦曲（块曲）	19.5
酒药	0.187～0.25
饭水总重量	375

3. 酿造操作

（1）浸米 浸米的目的是使原料米充分吸水膨胀，使淀粉颗粒之间逐渐疏

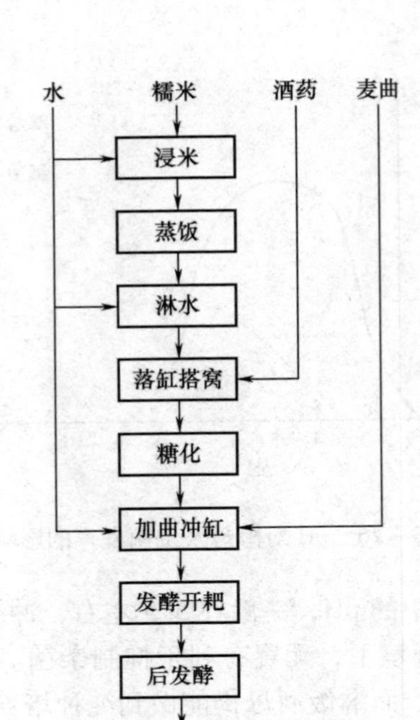

图 3－27　淋饭酒母生产工艺流程图

松起来，以便于蒸煮糊化。浸米前，先在浸米缸（桶）内放好水，然后倾流入大米，以水面超过米面6～10cm为宜。浸米的时间根据米质、气温而定，一般控制在 42～48h。浸渍后的米要用清水冲净浆水、沥干。

（2）蒸饭　蒸饭是为使米粒淀粉充分糊化，以利于糖化发酵菌的生长和淀粉酶的作用。对蒸饭的要求是熟而不糊、饭粒松软、内无白心。

（3）淋水　淋水的目的，一是使饭温迅速降低，适应落缸的要求；二是增加米饭的含水量，同时使饭粒软化，分离松散，有利于糖化菌繁殖生长，使糖化发酵正常进行。操作时先将蒸好的饭连甑抬到淋水处，淋入规定量的冷水，使其在甑内均匀下流，弃去开始淋出的热水，再接取 50℃ 以下的淋饭水进行回淋，使甑内饭温均匀。淋水量和回水的温度要根据气候和水温的高低来掌握，以适应落缸温度的要求。但是回水量不能太少，否则会造成甑内上下温差大、淋好的饭软硬不一的结果。此外，天冷时可采用多回温水的做法。每甑饭淋水 125～150kg，回水 40～60kg。可以用回水冷热来调节品温，淋水后品温在 31℃左右。

（4）落缸和搭窝　落缸搭窝是使米饭和酒药充分拌匀搭成倒置的喇叭状凹圆窝，以增加米饭和空气的接触面积，有利于酒药中好气性糖化菌的生长繁殖，同时也便于检查缸内发酵情况。

落缸以前，先将发酵缸洗刷干净，并用石灰水浇洒和沸水泡洗杀菌，临用前再用沸水泡缸一次。

米饭分成三甑入缸中，每次分别拌入酒药粉。然后将饭搭成凹窝，再在上面均匀地洒上一些酒药粉，然后加盖保温。搭窝时要掌握饭料疏松程度，要求搭得松而不散。落缸温度要根据气候情况灵活掌握，一般窝搭好后品温为27～30℃，天气寒冷时可以高至32℃。

（5）糖化及加曲冲缸　落缸搭窝后，根据气候和室温冷热的情况，及时做好保温工作。由于缸内适宜的温度、湿度和有经糊化的淀粉作养料，根霉等糖化菌在米饭上很快生长繁殖，短时间内饭面就有糖化菌白色菌丝出现。淀粉在糖化菌分泌的淀粉糖化酶作用下，分解为葡萄糖，逐渐积聚甜液。一般在落缸后经过36～48h，窝内出现甜液。有了糖分，同时糖化菌生成有机酸，合理调节了糖液的pH，抑制了杂菌生长，使酒药中的酵母开始繁殖和酒精发酵。待甜酒液充满饭窝的4/5时，加入麦曲和水（俗称冲缸），并充分搅拌均匀。冲缸后品温的下降随着气温、水温的不同而有很大的差别，一般冲缸后品温可下降10℃以上。因此，应该根据气温和品温及车间的冷热情况，及时做好适当的保温工作，使发酵正常进行。

（6）开耙发酵　冲缸后，由于酵母大量繁殖，开始酒精发酵，使醪的温度迅速上升，当达到一定的温度时，用木耙进行搅拌，俗称开耙。开耙的目的，一方面是为了降低品温，使缸中品温上下一致；另一方面是排出发酵醪中积聚的大量二氧化碳，同时供给新鲜空气，以促进酵母繁殖。开耙是传统黄酒酿造的技术关键，开耙温度和时间由有经验的技工灵活掌握。酒母开耙温度和时间可参考表3－6。二耙后一般经2～4h灌坛，先准备好洗刷干净的酒坛，然后将缸中的酒醪搅拌均匀，灌入坛内，装至八成满，上部留一定空间，以防继续发酵溢出。灌坛后每天早晚各开耙一次，3d后每3～4坛堆一列，置于阴凉处养醅。

表3－6　酒母开耙温度和时间

耙次	室温/℃	经过时间/h	耙前缸中心温度/℃	备注
头耙	5～10	12～14	28～30	继续保温，适当裁减保温物
	11～15	8～10	27～29	
	16～20	8～10	27～29	
二耙	5～10	6～8	30～32	耙后3～4h灌坛
	11～15	4～6		耙后2～3h灌坛
	16～20	4～6		耙后1～2h灌坛

（7）后发酵　酒醪在较低温度下，继续进行缓慢的发酵作用，生成更多的酒精，这就是后发酵或称养醅。从落缸起，经过20～30d的发酵期，便可作酒母使用。现在由于摊饭酒投料提前，一般经过14～15d，醪中酒精含量达到15%以上，便开始作酒母用了。

淋饭酒母还可直接酿成淋饭酒，俗称快酒或新酒。

4. 淋饭酒母的挑选

成品酒母要经过挑选才能使用，以保证大生产顺利进行。酒母的挑选采用化学分析和感官鉴定的方法，优良淋饭酒母应具备下列条件：

（1）发酵正常。

（2）养醅成熟后，酒精含量在15%以上，总酸在6.1g/L以下。

（3）品味老嫩适中，爽口无异杂气味。

品尝酒娘的标准，目前主要依靠酿酒技工的经验来掌握。具体做法是根据理化指标初步确定淋饭酒母候选的批次和缸别，然后取上清液，分别装入玻璃瓶中，放到电炉上加热，至刚沸腾并有大气泡时，移去热源，稍冷后倒入一组酒杯中，让品评酒人员比较清澈度和品尝酒味。通过煮沸，酒液中的二氧化碳逸出，酒精也挥发一部分，同时酒中的糊精和其他胶体物质会凝聚下来或发生浑浊。煮过的酒冷却后，品味更为准确，质量差的淋饭酒母，其缺陷更容易暴露出来。品味要求以暴辣、爽口、无异味为佳，酒的色泽也可鉴别发酵的成熟程度，浑浊的或产生沉淀者则是发酵尚不成熟，即称“嫩”，作酒母则发酵力不足。拣酒娘的时候，要注意先用的酒母需拣发酵较完全的淋饭酒醅；后用的酒母，则以嫩些为合适，以防酒母太老，影响发酵力。

表3－7为几例认为比较好的淋饭酒母的理化分析和镜检结果，供参考。

表3－7　淋饭酒母理化分析和镜检结果

	例1	例2	例3	例4
酒精含量/%	15.8	16.7	15.6	16.1
总酸/（g/L）	5.2	6.0	4.7	5.9
pH	3.95	3.93	4.16	4.0
酵母总数/（亿/mL）	9.70	9.30	9.15	5.65
出芽率/%	3.68	4.30	6.01	4.41
死亡率/%	1.44	1.71	1.84	—

5. 淋饭酒母的优缺点

（1）优点

①酒药和空气中虽含有复杂的微生物，但最初由于乳酸等有机酸的生成，调节了醪液的pH，抑制了杂菌的生长，使酵母能很好地繁殖和发酵，酒精浓度逐渐增加，最后达到15%以上，这样就起到了驯育酵母及筛选和淘汰微生物的功用，达到纯粹培养酒母的作用。

②能集中在黄酒酿造前一段时期中生产酒母，而满足整个冬酿时期酿造黄酒的需要。

③酒母可以挑选使用，品质差的作掺醅用，因此能保证酒母优良的性能。

（2）缺点

①制造酒母的时间长。

②操作复杂，劳动强度大，不易实现机械化操作。

③由于酒母在酿季开始集中制成，供给整个冬酿时期生产需要，这样在酿酒前后期使用的酒母质量不一样，前期较嫩，而后期较老。

（二）速酿酒母和高温糖化酒母

速酿酒母和高温糖化酒母都属于纯种培养酒母。纯种培养酒母是选择优良的黄酒酵母，从试管菌种出发，经过逐级扩大培养，增殖到大量的酵母。其扩大培养过程：原菌→斜面试管培养→液体试管培养→三角瓶培养→酒母。

1. 速酿酒母

速酿酒母又称速酿双边发酵酒母，是将米饭、麦曲、酵母培养液同时投入酒母罐，以双边发酵方式来制造酒母，又因制造时间短，故称为速酿双边发酵酒母。

（1）工艺流程　如图3－28所示。

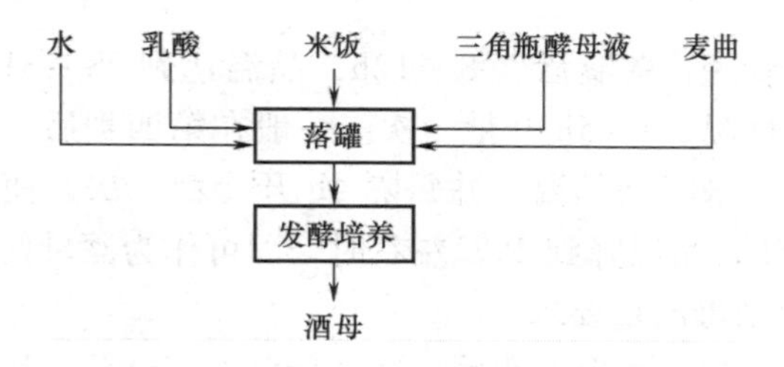

图3－28　速酿酒母工艺流程图

（2）操作方法

①三角瓶酵母液的制备：取蒸饭机米饭，投入糖化锅，加水继续煮成糊状后，冷却至58～60℃，加入糖化酶，搅拌均匀，保温糖化4～6h。经过滤后，将糖液稀释至13°Bx左右，用乳酸调节pH3.8～4.1，分装入3000mL大三角瓶，每瓶装2000mL，灭菌冷却后，接入大试管培养的液体种子25mL，在28～30℃的培养室中培养24h备用。

②酒母罐清洗及杀菌：酒母罐应先用清水洗净，然后用沸水洗净罐壁四周。有夹套装置的酒母罐可在夹套中通入蒸汽进行灭菌。如果前一次出现变质或酸败酒母，则该罐应重点灭菌，可先用漂白粉水冲洗罐壁，过几小时再冲洗漂白粉，然后再进行沸水或蒸汽灭菌。

③投料配比：由于速酿酒母培养时间短，并且为了操作方便，加水量可适当增加，所以又称为稀醪酒母。各厂有自己的配方（表3－8），一般米和水的比例在1∶2以上，麦曲用量为原料大米的12%～14%，用乳酸调pH4.0左右，接种

量不到总投料量的1%。

表3-8 速酿酒母配方

<table>
<tr><td rowspan="2">米</td><td colspan="5">占大米用量/%</td></tr>
<tr><td>水</td><td colspan="2">曲</td><td>三角瓶酵母</td><td>乳酸</td></tr>
<tr><td rowspan="2">100kg</td><td rowspan="2">140~200</td><td>块曲</td><td>纯种曲</td><td rowspan="2">1.5~4</td><td rowspan="2">0.1~0.4</td></tr>
<tr><td>10~14</td><td>1~3</td></tr>
</table>

也有加水比小的，有的厂米和水的比例在1∶1.4左右，加上浸米和蒸饭带入的水，实际比例在1∶1.8左右，用曲量为原料大米的16%左右，为提高糖化液化能力，加入少量的纯种曲，接种量为总投料量的1.2%~1.5%。

④落罐操作：先在罐内放入清水，2/3的酵母液，根据操作经验加入适量乳酸或不加，充分搅拌。此时水温以15℃左右为好。然后投入米饭及麦曲，饭温一般需控制在35℃以下。物料落罐后要充分搅拌，使酵母液、麦曲与米饭混合均匀。落罐后品温控制在24~28℃，具体视气温高低而定。天气冷时要做好保温工作。

⑤品温和开耙管理：落罐后经8~12h，品温达到28~31℃，这时需要开头耙。以后根据发酵情况，3~5h开耙一次。一般在第四耙后，向酒母罐的夹套中通入自来水或冷冻水来降低品温，并每隔4h开冷耙一次，使醪液降温均匀。从落罐开始，培养48h，品温降到25℃左右时，即可作为酒母使用。

（3）成熟速酿酒母质量要求

感官要求：有正常的酒香、酯香；醪液稀薄而不粘手，用手抓一把醪液能让糟液明显分开；无明显杂味，无过生的涩味和甜味。

理化指标要求：总酸4.6g/L以下（以乳酸计）；杂菌平均每一视野不超过1个；细胞数2亿/mL以上；出芽率15%以上；酒精含量一般在9%以上。

2. 高温糖化酵母

所谓高温糖化就是在较高温度即淀粉酶最适作用温度下进行糖化。将醪液糊化后，冷却到60℃加曲加酶糖化，再经升温灭菌后降温，调pH接种培养。由于采用稀醪，对细胞膜的渗透压低，有利于酵母在短期内迅速繁殖生长。这种酒母杂菌少，酵母细胞健壮，死亡率低，发酵旺盛，产酒快。

（1）工艺流程　如图3-29所示。

（2）操作方法

①洗米、糊化：原料大米淘洗沥干后，入锥形蒸煮锅进行高压蒸煮锅糊化，米水比为1∶3，高压蒸煮锅中通入蒸汽，以0.3~0.4MPa压力保持30min，进行糊化。

②糖化：将糊化醪压入酒母罐中，打开酒母罐夹套的冷却水，开动搅拌器，

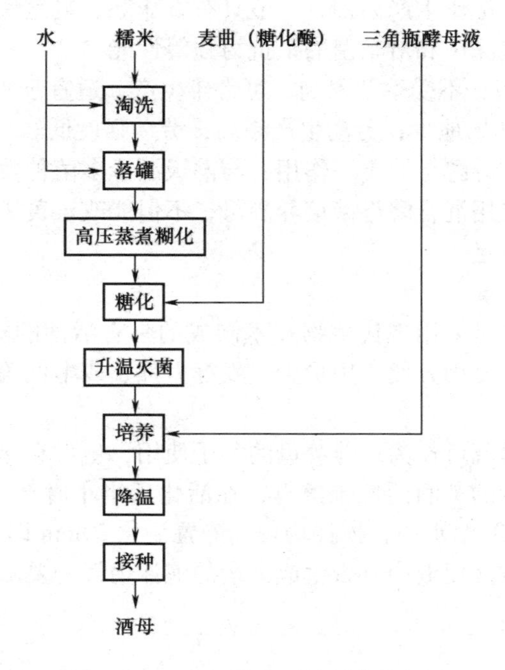

图 3－29 高温糖化酒母工艺流程图

同时冲入自来水，使糊化醪成为米水比为1∶7的稀醪，待品温降至60℃时，加入米量15%的麦曲，也可以加入一定量的糖化酶代替部分麦曲，搅拌均匀，在55～60℃下糖化3～4h。也可直接从蒸饭机取摊饭酒用米饭加水糖化，制糖化醪。

③灭菌：为保证醪液的纯净，糖化结束后需要灭菌，用蒸汽将醪液加热至85℃，保持20min。

④冷却、接种培养：灭菌的糖化醪冷却至60℃，加入乳酸调pH至4左右，继续冷却至28～30℃，接入三角瓶培养的液体酵母，28～30℃培养14～16h，即可使用。

（3）成品酒母质量要求

①酵母数2亿/mL以上。

②出芽率15%～30%。出芽率高，说明酵母处于旺盛的生长期。反之，则说明酵母衰老。

③耗糖率50%左右。耗糖率也可作为酒母成熟的指标，耗糖率太高，说明酵母培养已经过老，反之则嫩。

④总酸3g/L以下。如果酸度增高太多，镜检时又发现有很多杆状细菌，则酒母不能使用。

3. 与自然培养酒母相比，速酿酒母和高温糖化酒母具有以下优点：

（1）菌种性能优良，黄酒发酵安全可靠。采用从淋饭酒母和黄酒发酵醪中筛选出性能优良的酵母作生产菌种，一般具有香味好、繁殖快、发酵力强、产酸少、耐高酒精度、泡沫少和对杂菌的抵抗力强等性能。

（2）生产周期短，不受季节限制，可常年生产，适宜于机械化生产。

（3）占用容器和场地少；劳动生产率高，劳动强度低。

但是，因其是纯种酵母的单一作用，与淋饭酒母多菌种发酵酿成的酒在风味上有一定的差别。采用混合酵母菌培养酒母，不但能改善黄酒风味，还能弥补单一菌种发酵性能的不足。

（三）活性干酵母

黄酒活性干酵母是采用现代生物技术制成的具有活性的黄酒酵母菌制成品。由于活性干酵母具有使用方便、用量少、发酵力强、成本低等优点，已在许多黄酒企业中得到应用。

黄酒活性干酵母既可作为培养酒母的种子使用，也可直接代替酒母使用。使用方法：称取一定量的黄酒活性干酵母，在活化后半小时至一小时内用完的量，倒入 10 倍的 30～40℃温水中，搅拌均匀，静置活化 20min 即可。

是否活化主要看活化液中有否生成大量的泡沫为第一要求。

思考题

一、名词解释

1. α－淀粉酶　2. 糖化酶　3. 酒药　4. 自然麦曲

5. 速酿酒母　6. 淋饭酒母　7. 纯种麦曲

二、简答题

1. 简述黄酒酿造的主要酶类及作用。

2. 试述酒药中的主要微生物及作用。

3. 试述淋饭酒母的质量要求。

三、问答题

传统的绍兴酒药是如何制作的？

第四章 黄酒酿造机理

黄酒酿造，是将淀粉转化为酒精的过程。在这个过程中，利用曲的作用将淀粉水解为葡萄糖等发酵性糖类，在前面的酶理论与曲作用中已有较为详细的阐述，这里主要是阐述酵母将糖代谢为酒精的过程，酵母的代谢理论，也是通常所指的发酵机理。

第一节　发酵理论

一、酒精发酵机理

经浸米、蒸煮后，黄酒便进入真正的发酵酿造阶段。其原理是淀粉糊化后，经糖化生成以葡萄糖为主要成分的糖类物质，葡萄糖经酵母发酵后生成酒精。这期间一系列的生化反应中，糖变为酒的反应是其最为本质与关键的，糖能最终成为酒主要是靠酵母细胞中的酒化酶系的作用。酵母的发酵由其先决条件决定，在酸性环境下代谢酒精，在碱性环境下代谢甘油；又在有氧条件下增殖细胞，在嫌氧条件下生成酒精。黄酒酿造属酒精发酵，故在前期细胞到达一定量后，要注意控制空气的过多接触，以便生成更多的酒精以提高出酒率。

在酒精发酵过程中，淀粉是通过糖化酶的作用生成葡萄糖，然后葡萄糖通过酒化酶的作用生成酒精，反应式如下。

$$(C_6H_{10}O_5)_n \xrightarrow{\text{糖化酶}} nC_6H_{12}O_6$$

$$C_6H_{12}O_6 \xrightarrow{\text{酒化酶}} 2C_2H_5OH + 2CO_2 + \text{热量}$$

这是一个简化的示意途径。

所谓的发酵机理，就是酵母的作用机理，也就是酵母的代谢机理，酵母在整个代谢过程，是一个相当复杂的生物化学过程。

实际上在酒精发酵整个过程中，生化反应要经过 4 个阶段、10 步反应。葡萄糖发酵生成酒精的总反应式如下。

$$C_6H_{12}O_6 + 2ADP + 2H_3PO_4 \longrightarrow 2C_2H_5OH + 2H_2O + 2ATP$$

上式中的 ADP 是指二磷酸腺苷，ATP 是指三磷酸腺苷以及图 4 - 1、图 4 - 2 中所示的 NAD 是指辅酶 Ⅰ，TPP 是指焦磷酸硫胺素。酒精发酵生化反应的 4 个阶段如下：

第 1 阶段：葡萄糖磷酸化和异构化，生成活泼的 1，6 - 二磷酸果糖。

第 2 阶段：1，6 - 二磷酸果糖分裂为 2 分子磷酸丙糖。

第 3 阶段：3 - 磷酸甘油醛经氧化（脱氢）并磷酸化，生成 1，3 - 二磷酸甘油酸。然后将高能磷酸键转移给 ADP，以产生 ATP。再经磷酸基变位和分子内重排，又给出一个高能磷酸键，而后变成丙酮酸。上述三个阶段是葡萄糖生成丙酮酸的反应过程，在生物化学中称为糖酵解（EMP）途径。

第 4 阶段：酵母在无氧条件下将丙酮酸继续降解，生成酒精。

以上4个阶段的生化反应可由图4－1表示。

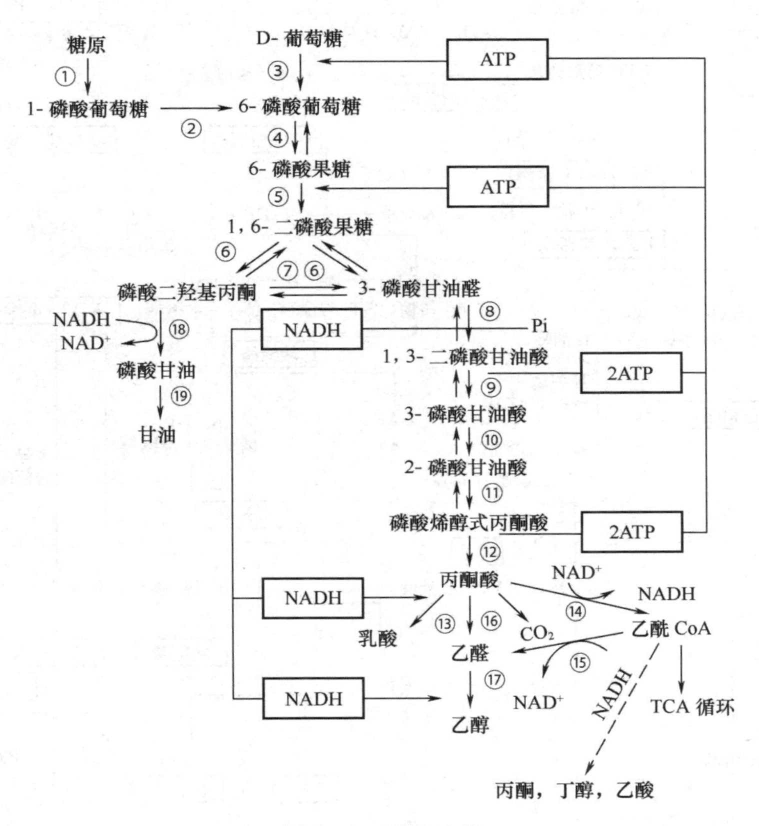

图4－1　EMP途径

①糖原磷酸化酶　②葡萄糖酸变位酶　③葡萄糖激酶　④磷酸葡萄糖异构酶　⑤磷酸果糖激酶　⑥醛缩酶　⑦磷酸丙糖异构酶　⑧3－磷酸甘油醛脱氢酶　⑨磷酸甘油酸激酶　⑩磷酸甘油酸变位酶　⑪烯醇化酶　⑫丙酮酸激酶　⑬乳酸脱氢酶　⑭丙酮酸脱氢酶　⑮醛脱氢酶　⑯丙酮酸脱羧酶　⑰醇脱氢酶　⑱3－磷酸甘油脱氢酶　⑲甘油激酶

若要进一步详细弄清酵母的整个生化过程，则需参阅下面的酒类发酵详细途径（图4－2），黄酒中的酵母发酵途径与此完全吻合。

葡萄糖酵解的具体途径可解释为：1分子葡萄糖酶促降解转变成2分子丙酮酸，并伴随产生ATP的系列反应过程。此途径在动植物和许多微生物中普遍存在。在需氧生物中，酵解途径是葡萄糖氧化成二氧化碳和水的前提。酵解生成的丙酮酸可进入线粒体，通过三羧酸循环及电子传递链彻底氧化成二氧化碳和水，并生成ATP。在氧气供应不足（类如人体中剧烈收缩的肌肉）的情况下，丙酮酸不能进一步氧化，便还原成乳酸，这个途径称为无氧酵解。在某些厌氧生物如酵母体内，丙酮酸转变成乙醇，这个途径称为酒精发酵。糖酵解途径共包括胞浆中进行的10步反应，可分为4个阶段，如前所述。

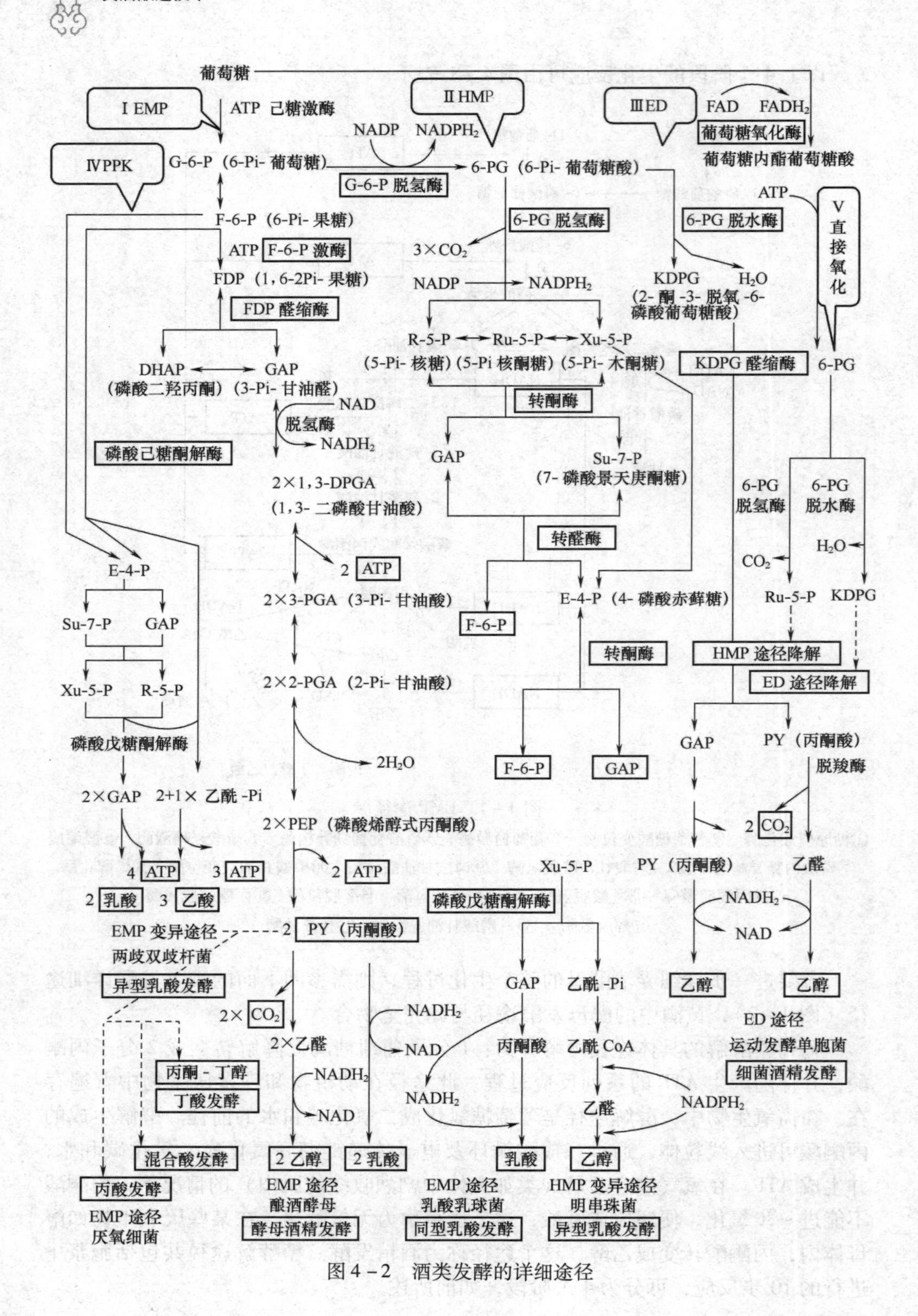

图 4－2 酒类发酵的详细途径

二、黄酒中香味成分的形成机理

黄酒中对香味贡献比较大的一般指高级醇、醛和酯类物质。高级醇在酒香中的感官一般称为醇香，酯类物质一般称酯香，醛类物质一般具有较明显的刺激香味。一些有机酸也是构成黄酒特殊香味的来源之一。

高级醇是一类高沸点物质，是黄酒与白酒中的重要香味物质。高级醇是除乙醇以外的有 3 个碳以上的一元醇类。这些醇包括正丙醇、正丁醇、戊醇、异戊醇、异丁醇、β-苯乙醇等。白酒中的杂醇油，大多是由这些高级醇组成的混合物。黄酒中具有一定香气的主要是四碳醇、五碳醇，尤其以异戊醇与异丁醇其醇香最为明显。异戊醇体现的是一种带有杏仁香的气味，异丁醇是黄酒中醇香的主要来源。β-苯乙醇略具玫瑰香，是稻米黄酒所特有的。在黄酒发酵过程中，由于原料中蛋白质分解或微生物菌体蛋白水解而生成氨基酸，氨基酸进一步水解放出氨，脱去羧基，生成相应的醇。不同酵母与某些细菌所产高级醇的量也各不相同。

醛类物质在黄酒中是具有一定刺激性的香味物质，主要是乙醛、糠醛、缩醛、甘油醛、异丁醛、异戊醛、苯乙醛与高级醛酮等。尤其以前三种为主。乙醛是黄酒在发酵过程中，酵母菌将葡萄糖转化为丙酮酸，放出二氧化碳而生成的。乙醛又能还原成酒精，所以在发酵过程中乙醛只是一个中间产物，极少残存于醪液中。当醪液中生成大量酒精后，乙醇被氧化而生成乙醛，这便是黄酒成品酒中乙醛的主要来源。乙醛的沸点较低，在煎酒与贮存过程中大部分挥发，所以黄酒的成品酒中乙醛含量并不高。糠醛是原料大米其外皮的糊粉层中所含的多缩戊糖，在微生物的作用下生成了糠醛。糠醛还有一定量的衍生物醇基糠醛（糠醇）与甲基糠醛等。缩醛在黄酒中主要以乙缩醛为主，其含量与乙醛相当。缩醛是由醇和醛缩合而成的，其反应式如下式所示。

$$RCHO + 2ROH \rightleftharpoons RCH(OR)_2 + H_2O$$

丙烯醛又称甘油醛，它是黄酒在发酵过程中感染杂菌，尤其是酵母与乳酸菌共存时，就会产生丙烯醛。丙烯醛具有糙辣味，酒发酵出现异常，酒的糙辣味更为明显。因为甘油醛的沸点只有 50℃，在煎酒与贮存过程中会大量挥发，这也是陈酒较为醇和的一个原因。甘油醛的生成机理如下式所示。

$$CH_2OHCHOHCH_2OH \xrightarrow{-H_2O} CH_2OHCH_2CHO \xrightarrow{-H_2O} H_2C=CHCHO$$

其他酮类、酰类、醇类对黄酒的香味也有一定的贡献，这些物质的生成途径还有待进一步研究与分析。

酯类物质在黄酒中一般指乳酸乙酯、乙酸乙酯、琥珀酸二乙酯、苯甲酸甲酯、甲酸乙酯、甲酸丁酯、丁酸乙酯、己酸乙酯及戊酸乙酯等。

这里我们先应了解“酯”与“脂”的区别。“酯”一般是指酸（有机酸或无机含氧酸）与醇在一定条件下反应生成的一类有机化合物，根据生成酯的酸和醇而将其命名为“某酸某酯”，如 $CH_3COOC_2H_5$ 称为乙酸乙酯。由于这类化合物与醇有关，故用“酉”字旁的“酯”。生成酯类化合物的反应是“酯化反应”，不能写作“脂化反应”。“脂”是动物体内或油料植物种子内的油质。源于动物的脂通常呈固态，称脂肪；源于植物的脂通常呈液态，称油。但不论固态的脂肪还是液态的油都统称“油脂”。油脂对人类的生存有重要意义，是人类的主要食物之一，也是一种重要的工业原料，如用于制肥皂等，其化学成分是高级脂肪酸与甘油（丙三醇）形成的酯。可见，油脂属于酯类化合物，其酰基部分来自于高级脂肪酸，烷氧基部分来自于甘油，由于高级脂肪酸与油脂有关，所以“高级脂肪酸”如“硬脂酸”、“软脂酸”等用“月”字旁的“脂”。

黄酒中的酯一方面来自于发酵过程中，在酯化酶的作用下合成。酯化酶为胞内酶，它催化酵母细胞内的活性酸－酰基辅酶 A 与醇结合形成酯。酵母菌、霉菌、细菌中都含有酯化酶。据研究，酯的生物合成是一个需能代谢过程，例如比较熟悉的乙酸乙酯的合成，其反应式如下式所示。

$$CH_3COSCoA + C_2H_5OH \longrightarrow CH_3COOC_2H_5 + SHCoA$$

酵母体内的乙酰辅酶 A 主要来自丙酮酸的氧化脱羧作用。而黄酒中主要的酯乳酸乙酯的生物合成途径与其他脂肪酸乙酯的合成类似，即乳酸在转酰基酶作用下生成乳酰辅酶 A，再在酯化酶催化下，与乙醇合成乳酸乙酯。其反应式如下式所示。

$$CH_3CHOHCOOH \xrightarrow{SHCoA、ATP} CH_3CHOHCO \sim SCoA \xrightarrow{C_2H_5OH} CH_3CHOHCOOC_2H_5$$

黄酒中的酯类物质产生的另一方面是通过贮存而明显增加的。因为醇与酸中的羟基与羧基反应生成的酯，其贮存过程中的缓慢酯化机理较为复杂。虽然工业生产酯类物质也是醇酸反应而得，但那是用强酸或强酸盐作为催化剂，直接制取。黄酒中的酯化反应较为复杂，由于多元醇与多元酸作用，官能团数量增多，而产生了比较多种类的情况，这种情况的产生，主要是因为一个分子内可以与不同的官能团产生反应，这个就好比一个数学中的排列组合。还有葡萄糖与酸，纤维素与酸等也能起酯化反应，产生酯香。

黄酒中的酯香味主要是乙酸乙酯、乳酸乙酯、苯甲酸甲酯与琥珀酸二乙酯。乙酸乙酯具有浓郁的香蕉与苹果的果香，且较雅。乳酸乙酯虽然香味没有乙酸乙酯那么浓郁，但能使酒产生浓厚感，故陈酒较醇厚，其实质是酒体中增加了乳酸乙酯的含量所致。苯甲酸甲酯具有蜂蜜花香，而琥珀酸二乙酯则会产生愉快的香味。所有这些酯都会让酒产生特殊、浓郁、独特的黄酒酒香。

三、黄酒中有机酸的生成机理

黄酒中的主要酸为有机酸，已知黄酒中的有机酸主要是指乳酸、乙酸、琥珀酸、柠檬酸、酒石酸、葡萄糖醛酸、延胡索酸、氨基酸与脂肪酸等。

1. 乳酸

进行乳酸发酵的主要微生物是细菌，乳酸菌大多属于兼性厌氧化能异养微生物，需要从外界环境中吸收营养物质。在黄酒的酿造中，其发酵类型有两种，即发酵产物中只有乳酸的同型乳酸发酵以及发酵产物中除乳酸以外同时还有乙酸、酒精、二氧化碳、氢气的异型乳酸发酵。这些乳酸菌利用糖经糖酵解途径生成丙酮酸，丙酮酸在乳酸脱氢酶催化下，还原而生成乳酸（图4－3）。

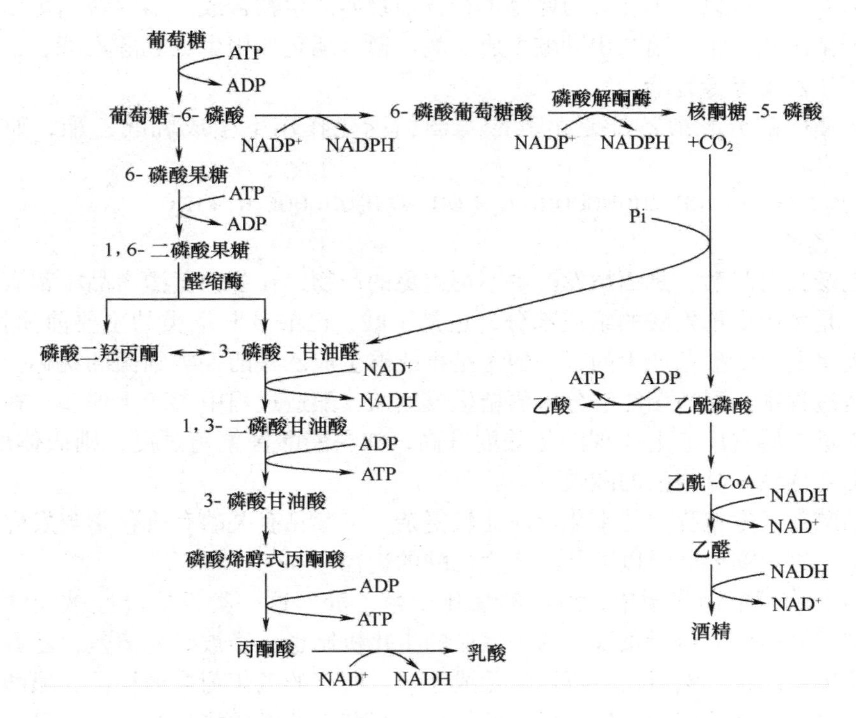

图4－3 乳酸菌异型与同型乳酸发酵示意图

同型发酵因为产物单一，其反应机理相对于异型发酵要简单一些，可用下式表示。

$$C_6H_{12}O_6 + 2\ (ADP + Pi) \rightarrow 2CH_3CH_2OHCOOH + 2ATP$$

异型发酵时，糖的酵解途径相当复杂，由于异型发酵这类细菌，在其胞内缺乏EMP途径中裂解果糖－1，6－二磷酸的关键酶——果糖二磷酸醛缩酶，因此，这些细菌降解葡萄糖完全依赖戊糖磷酸途径。而戊糖磷酸途径在前面已有涉及，是微生物糖代谢与产生生物合成前体物的重要途径。若简化描述，则可用下式表示。

$$C_6H_{12}O_6 + ADP + Pi \rightarrow CH_3CH_2OHCOOH + CH_3CH_2OH + CO_2 + ATP$$

某些乳酸菌还能对苹果酸、柠檬酸、酒石酸等有机酸进行代谢，生成乳酸与琥珀酸等。

因为黄酒发酵是开放式发酵，酿造过程中会感染许多菌类，其中因浸米及酿酒环境所致，会感染到许多乳酸菌，这些乳酸菌会进入发酵醪液中进行乳酸发酵，给黄酒以特有的酸味，也是形成黄酒风格的主要风味酸之一。其发酵属于混合型乳酸发酵。黄酒中的乳酸在一定范围内是能改变酒的口感的，又是乳酸乙酯的前体物质，是陈化生香的主要香味物质之一。乳酸菌在黄酒发酵中除主要产生乳酸外，还产生少量乙酸、琥珀酸、富马酸、甲酸、丙酸、二氧化碳及其他微量醇、醛等。还可以利用乳酸为底物进行其他物质的生物合成。如丙酸菌可以利用乳酸产生丙酸。丁酸菌利用乳酸生成丁酸。通过酯化作用生成乳酸乙酯、乙酸乙酯、丁酸乙酯等芳香酯。

黄酒中部分乳酸乙酯是由乳酸与酒精酯化作用下生成乳酸乙酯，如下式所示。

$$CH_3CHOHCOOH + C_2H_5OH \rightarrow C_2H_4OHCOOC_2H_5 + H_2O$$

2. 乙酸

乙酸又名醋酸，是酒精发酵中不可避免的产物，在各种黄酒产品中都有乙酸存在，是黄酒中挥发酸的组成部分，也是丁酸、己酸及其酯类的主要前体物质。醋酸大多是由醋酸菌产生的，醋酸菌是指能够生成乙酸的一类细菌的统称。在黄酒酿造过程中，醋酸菌能够分解酒精生成醋酸，酿造过程中若产生偏多，在生产操作人员的感官反应上体现的是酸度升高，如果醋酸菌繁殖过度，则酒体酸化，严重的会导致发酵醪液的酸败。

乙酸在发酵过程中的生化反应比较复杂，可参见有关的有机化学与发酵专业类书籍。这里简要介绍以下几种产生乙酸的途径。

（1）在醋酸菌代谢中，由酒精氧化产生乙酸。这一类反应已经被酿酒技术人员与酿酒操作人员所重视。这一反应的生化机制也已经被研究清楚，乙醇首先被氧化生成乙醛，然后乙醛再被氧化成乙酸。所有的氧化葡萄糖杆菌、醋酸杆菌和巴氏醋杆菌都能氧化乙醇产生乙酸。但不同菌株的成酸能力存在着差异。其反应式如下式所示。

$$CH_3CH_2OH + O_2 \rightarrow CH_3COOH + H_2O$$

醋酸菌是氧化细菌的重要组成部分，是黄酒酿造过程中醪液酸败的主体菌，由于黄酒酿造中开放性发酵的特点，在发酵过程虽然无法杜绝醋酸菌的带入，但要保持环境的清洁与工器具的卫生，以减少醋酸菌大量繁殖的可能。醋酸菌还能对其他高级醇如丙醇、丁醇、戊醇等氧化生成醋酸。醋酸杆菌还能通过三羧循环将醋酸进一步氧化成二氧化碳和水，这一反应受酒精的抑制。乙酸被彻底氧化前，也需经过一系列的生化反应。

（2）黄酒在发酵过程中，在酒精生成的同时，也伴随着有乙酸和甘油的生成。其反应式如下式所示。

$$2C_6H_{12}O_6 + H_2O \rightarrow CH_3CH_2OH + CH_3COOH + 2C_3H_5(OH)_3 + 2CO_2$$

（3）糖经过发酵变成乙醛，乙醛经歧化作用，离子重排，就会生成乙酸。

其反应式如下式所示。

$$2CH_3CHO + H_2O \rightarrow CH_3COOH + CH_3CH_2OH$$

另外，一些醋酸菌在葡萄糖被氧化成葡萄糖酸后，也能降解葡萄糖。醋酸菌对糖的代谢已越来越引起酿酒界的重视。

3. 琥珀酸

琥珀酸学名为丁二酸，由氨基酸去氨基作用而生成。其反应式如下式所示。在醋酸菌的氧化作用下也能产生一部分。

$$C_6H_{12}O_6 + COOHCH_2CH_2CHNH_2COOH + 2H_2O \rightarrow COOHCH_2CH_2COOH + 2C_3H_8O_3 + NH_3 + CO_2$$

4. 脂肪酸

脂肪酸是由脂肪水解而成的，黄酒中脂肪酸主要来自于大米、麦曲中的植物脂肪经水解产生的，占主导的是含 18 个碳原子的脂肪水解产生的棕榈酸、硬脂酸、油酸和亚油酸等有机酸与甘油。其中具代表性的反应式如下式所示。

$$\underset{\text{脂肪}}{C_{18}H_{32}O_6} + \underset{\text{水}}{H_2O} \rightarrow \underset{\text{脂肪酸}}{CH_3(CH_2)_{16}COOH} + \underset{\text{甘油}}{C_3H_5OH}$$

5. 氨基酸

氨基酸在黄酒中有 20 余种之多，且酒中的含量也是各大酒种中最高的，它是由蛋白质水解而产生的。黄酒醪液中的蛋白质由微生物作用分解成为氨基酸；在发酵后残留于酒醪中的微生物尸体自溶或被分解也是产生氨基酸的来源之一。

氨基酸繁多的种类及有关特性与作用，可参阅相关资料。

第二节　黄酒发酵的控制

一、前发酵控制

黄酒的前发酵又称主发酵，是黄酒酿造过程中最为重要的部分之一。黄酒发酵主要是在酶与酵母的共同作用下完成的，了解微生物的有关知识对指导黄酒的发酵与管理具有重要的意义。黄酒中的酶主要是使糊精转化为葡萄糖，然后由酵母将糖转化为酒精，这两个转化称为发酵，也即通常人们将黄酒发酵所称为的边糖化边发酵的“双边发酵”。而发酵的主要关键点是酵母的代谢功能。前发酵是黄酒酿造中最为关键的发酵阶段，直接影响到酒精的生成、出酒率的高低。要控制好前发酵必须具有良好的微生物代谢基础知识。

（一）控制发酵条件，提高出酒率

糖代谢有时又称碳代谢，是微生物发酵过程中最为重要的代谢，是黄酒酿造中，微生物分解葡萄糖的过程。

葡萄糖降解有有氧降解与无氧降解两大类型。有氧代谢的最终产物是 CO_2 和 H_2O，同时产生组成细胞物质的中间产物和大量的能量。微生物在有氧条件下，

可有两条分解葡萄糖的途径：一是葡萄糖先经糖酵解途径降解为丙酮酸，丙酮酸再进入三羧循环，被彻底氧化成 CO_2 和 H_2O；二是葡萄糖经单磷酸己糖途径被彻底氧化成 CO_2 和 H_2O。黄酒中前期搅拌与通气要勤一点，主要是增加细胞数量，后期则应少一点或不再外加氧气与搅拌，以营造酒精。

葡萄糖无氧降解的产物为各种有机酸、醇和气体。葡萄糖无氧代谢一般是通过 EMP 途径与 HMP 途径两种基本形式。EMP 是指糖酵解机理，是 20 世纪 40 年代 Embden、Myerhof 和 Parnas 三人首先发现的，故以他们名字的第一个字母为糖酵解的简称。HMP 是戊糖磷酸途径的简称，是由 Hexose、Monophosphate 与 Pathway 三人首先提出来的，是一条产生生物合成前体物的重要途径。

在进行无氧降解的同时，或在双磷酸己糖的基础上分解葡萄糖，或在单磷酸己糖的基础上分解葡萄糖，或利用两条途径分解葡萄糖，组成所谓的混合途径对葡萄糖进行代谢发酵。具体可参见前述。

由淀粉糖化为葡萄糖，然后葡萄糖进行酒精发酵的总反应式如下式所示。

$$(C_6H_{10}O_5)_n \xrightarrow{nH_2O} (C_6H_{10}O_5)_x \xrightarrow{xH_2O} C_{12}H_{22}O_{12} \xrightarrow{2H_2O} C_6H_{12}O_6$$

$$C_6H_{12}O_6 \xrightarrow{2\ (Pi + ADP + H^+)} 2CH_3CH_2OH$$

从以上两式可知，一分子淀粉能降解为一分子的葡萄糖，酵母菌每发酵一分子的葡萄糖，可以生成两分子的酒精。在黄酒的酿造中，提高酵母的酒精产率具有重要的实际意义。当酵母具有较强的生命力时，其作用效率也相应提高。所以为提高酵母的产酒精能力，要给酵母以适合其生长代谢的环境。前期以增殖酵母为主时，pH 应控制在 4.0 ~5.0，后期在营造酒精过程中，pH 要更低点，控制在 3.5 ~4.0。生产中采用较低的 pH 一方面是酵母适合微酸性环境，另一方面是有利于减少杂菌的污染。所以在酵母接种培养时 pH 多采用 3.5 ~4.0。有研究表明，醪液中 pH 的进一步降低亦可减慢酵母菌的繁殖速度，利于酒精的生成。

（二）酸的产生与控制

黄酒酿造中，前发酵是控制酸度最为重要的环节之一，在前发酵，也就是主发酵期间能控制好醪液的酸度，一般情况下酒的最终酸度便能控制。当然后发酵的管理也是极为重要的，接下来再详述。

黄酒酿造中正常的酸度是需要的，当 pH 在 4.5 ~5.5 时，酵母的生长与代谢就会比较稳定地按其正常的生理需要进行，但如果过低或过高则对酵母的正常代谢产生严重的影响，被抑制甚至死亡。所以为保证前酵阶段的发酵正常，无论是传统工艺还是机械化新工艺都要进行人为的控制，以确保发酵的正常进行。

pH 是决定微生物与各种酶活性的重要因素。为了使微生物的生长和合成产物的代谢活动能在最适的 pH 下进行，我们不仅要了解发酵过程中 pH 的变化规

律，而且还必须控制它。

（1）pH 对发酵的影响　黄酒酵母同所有微生物一样，在发酵过程，菌体的生长繁殖及酒精的生成都有其最适 pH 范围。生长与代谢的最适 pH 范围不完全相同，所以要认真研究掌握不同微生物和不同阶段的 pH 要求。再则，pH 的变化是菌体代谢状况的综合反映。从 pH 的变化曲线可以看出菌体生长与代谢的基本状态。为了使酵母保持在最适 pH 中生长繁殖，并在最适 pH 条件下生成酒精，必须根据酵母的特性和醪液的情况，加强发酵过程中 pH 的调节控制（表 4－1）。

表 4－1　几种主要酵母发酵时的 pH 控制范围

品种	菌体生长最适 pH 范围	酒精代谢最适 pH 范围
黄酒酵母	4.5～5.0	3.5～4.0
清酒酵母	5.0～5.5	3.2～4.0
啤酒酵母	4.5～5.0	4.2～4.5
葡萄酒酵母	3.5～4.0	3.3～3.5
面包酵母	3.6～6.0	—

注：表中数据，黄酒酵母来自于《黄酒生产工艺》，清酒酵母来自于日本东河男的《发酵与酿造》，啤酒酵母来自于顾国贤的《酿造酒工艺》，葡萄酒酵母来自于朱宝镛的《葡萄酒工业手册》，面包酵母来自于陈思妘、萧熙佩的《酵母生物化学》。

（2）pH 影响微生物生长代谢的原因　在前面已经讲过，pH 同温度一样是影响酶活性的重要环境条件。如酵母菌在酸性条件下产生乙醇，而在碱性条件下发酵产物是甘油。为了使产生菌生命活动及合成抗生素的各种酶活力发挥得好，必须控制适当的 pH 范围。pH 的控制一般也有阶段性，前期 pH 要适合菌体生长繁殖的需要，中后期则以利于酒精的合成为主。菌体的生长代谢过程，分解利用培养基等会引起 pH 的变化，需要采取稳定和调节措施。

但是，在发酵过程中不可能单一地考虑酵母生长的最适 pH，还应对麦曲与酶制剂酶活力的最适 pH 进行兼顾。研究证明，所有 pH 对酶反应的影响有两方面的意义：一是所有酶都是在一定 pH 条件下进行的，因此了解 pH 的影响是酶是否具有最好活性的基本内容之一；二是酶的作用机理，都与酶的结构、酶的专业性的催化基团有关。酶反应都有其各自的最适 pH，pH 的高低会影响和改变酶的活性。并且最适 pH 与发酵的底物浓度无关。

表 4－2 是一些与黄酒有关的酶的最适 pH。从表中不难看出淀粉酶与蛋白酶都适宜在微酸性环境下，才较为适宜，但其最适 pH 均比酵母要稍高，因此前期在以增殖酵母为主时，既要考虑酵母的生长繁殖，又要兼顾酶的最适 pH。一般以比酵母的最适 pH 稍高一点，用以兼顾酶的活性。但不宜相差太多，否则会影响酵母的正常生长繁殖，影响酒精的生成。

表 4-2 黄酒主要相关酶的最适 pH

酶	底物	最适 pH
α-淀粉酶	淀粉	4.7~5.4
β-淀粉酶	淀粉	5.2
木瓜蛋白酶	各种蛋白质	5.0~5.5
脲酶	脲	6.4~7.6
磷酸化酶	淀粉	7.0~8.0

(3) 引起 pH 变化的因素　在黄酒醪液中，虽然已经注意了 pH 的问题，但 pH 还是要发生一定范围的变化。引起 pH 变化的因素很多，如投料时原料本身带入的酸碱情况、酵母菌的代谢及发酵工艺的控制等都是影响 pH 的因素。醪液中碳源物质，如糖类、脂肪的分解，中间代谢产物丙酮酸、乙酸等积累时可使 pH 下降。在充分氧化时，大量有机酸分解为 CO_2 和 H_2O，使 pH 波动不大。由于微生物的代谢机制不同，同一菌种在发酵条件、环境不同的情况下，对 pH 的影响也不相同。

有机氮源和无机氮源的分解利用也会引起 pH 的变化。有机氮源物质，多数是蛋白质和氨基酸。经微生物酶的分解代谢，其中的含碳物质（如酮酸、醇等）被利用后，释放出 NH_3，使 pH 上升。发酵初期出现 pH 上升高峰，即为此种原因。但在 NH_3 大量利用时 pH 则不上升。培养基的碳氮比例不合适，有机氮源过多，也能使 pH 上升。发酵染菌时杂菌大量增殖，或其他原因造成代谢异常，也会引起 pH 的异常变化。

总之发酵过程中凡能导致酸性物质的生成或释放和碱性物质的消耗，都会引起 pH 下降。反之，凡能造成碱性物质的生成或释放和酸性物质的利用，就能使 pH 上升。

（三）温度的控制

前发酵温度的控制能及时为酿酒微生物提供生长与代谢的条件。前发酵时由于酵母的增殖与发酵代谢，会产生大量的热量，发酵时的有氧与温度对酵母菌的生长与代谢尤其重要。

1. 酵母的生长代谢温度与酶的最适温度

黄酒的前发酵，主要给酵母以适合的温度，使其生长繁殖与代谢；还要给麦曲或酶制剂一定温度以达到合理的酶活温度，提高和加快淀粉的液化与糖化。因为是二者兼顾的边糖化边发酵，所以黄酒的前发酵温度与纯粹的酵母最适温度又有一定的区别。

与其他微生物一样，每个酵母都只能在一定的温度范围内生长。酵母菌的最适温度取决于酵母菌种的特性，而不存在共同的温度标准。但是，除了特殊的菌种和菌株之外，通常绝大多数的酵母菌都适宜在 20~25℃的条件下生长。表4-3

为几种酵母的生长温度范围。

表4-3　一些酵母菌种的生长温度范围

酵母种	温度范围/℃
普通酿酒酵母	5~37
日本清酒酵母	0~35
马其顿假丝酵母	5~47
膜醭毕赤酵母	0~40
八孢裂殖酵母	13~36

酵母根据不同种株，可分为专性嗜冷性酵母菌、兼性嗜冷性酵母菌、嗜温性酵母菌和耐温性酵母菌四类。黄酒酵母属于嗜温性酵母菌。最低可在5~10℃生长，最高可在35~40℃具有活力，适宜温度是26℃左右。许多酵母菌可在高于它最高生长温度的条件下发酵糖，酿酒酵母的最高生长温度为37℃，但可在0~43℃范围内能发酵糖，在25℃温度下发酵时，其酒精产量最高。

根据酵母对温度的这些特性，在黄酒发酵时还要充分考虑麦曲或酶制剂发挥酶活力的适宜温度。与pH对酶的反应体系的影响一样，温度既能改变酶反应本身的速度，也能导致酶自身蛋白变性失效。由于任何一种反应都是在一定温度条件下进行的，温度的这两种效应都会发生作用。通常所谓的“最适温度”，就是这两种效应的综合结果。

酶的最适温度还与时间有密切的关系。研究证明，酶在不同的反应时间里，测得的最适温度往往不同。这是由于温度促使酶蛋白变性是随时间而累加的。在反应最初阶段，酶蛋白变性常未表现，因此，酶在开始反应后，反应速度随温度升高而增大。但是随着反应时间的延长，酶蛋白变性因素逐渐突出，反应速度随温度升高逐渐为蛋白变性效应所抵消，故而在不同的反应时间中，测得的最适温度有所不同。温度对酶反应速度的影响，现在以绝对反应速度，也称过渡态理论来进行研究。这种理论认为，在反应系统中，并不是所有的分子都进行反应，它们需要获得一定的能量转入瞬时的活化状态，即成为活化分子后，才能反应生成产物，这种从发生反应时的“基态”到“活化态”所需要的能量称为“活化能”。目前，温度对酶反应速度的影响，根据绝对反应速度理论，通过反应速度常数，已能建立反应动力学方程。

根据实验得出，一般酶在温度超过45℃时逐渐失去活性。大多数酶在55~60℃范围内便会失效，只有极个别酶还具有活力。

影响酶活性的因素除pH、温度外，还有等电点、溶液的离子强度、蛋白质浓度以及底物抑制剂等。最后要说明的是，水的含量对于酶来说也是很重要的因素，干的酶制剂通常十分稳定。

2. 主发酵实际温度控制

黄酒酿造过程中，主发酵（前发酵）的温度控制是整个发酵过程控制中相当重要的一环。主发酵阶段温度控制得恰当合理，会对酒精的生成、酸度的变化起到直接的作用。从前述的理论可知，酵母的最适温度比酶的最适温度要略低些。因此，我们在对主发酵温度进行控制时就需考虑二者兼顾的实际问题。

发酵前期，也就是投料后的几个小时里，底物物料处于相对的静止中，这时的微生物活动，以增殖酵母为主，而酵母在增殖时的最适温度比营造酒精时的温度要偏高一些，恰好考虑尽可能地适应酶的最适温度。在酵母的生物热大量产生时，可将前期酵母细胞增殖温度控制在偏向于仍具活力的30～35℃，传统工艺因陶缸升温的不均匀特性，头耙发酵缸中醪液的中间温度甚至可以超过35℃。这样既保证了酵母细胞增殖所需的较高温度，又可兼顾酶活力较强的适宜温度。但前发酵温度无论是传统工艺还是新工艺，建议不要超过38℃，否则将会对酵母产生抑制和给喜好稍高于酵母温度的杂菌以机会。

到了最高温度点后，要进行逐渐的降温控制，第二次搅拌（二耙）温度一般不应超过第一次，在28～30℃保持一定的时间，6～12h，以获得一定的酒精增量，使酒体基本能保证在正常发酵状态下。以后便逐渐降温，直至达到常温。如因气候影响控温的难度，还可启用各种办法散热与冷却。最有效的办法是用冷媒强制冷却。一般在进入后酵时，醪液温度控制在常温或低于常温较好，后酵时虽然微生物仍有生命活动与代谢，但是已经较为缓慢，在较低的温度下，可防止杂菌的大量繁殖，以影响酒的品质。图4－4所示为主发酵实际温度控制的经验曲线图。

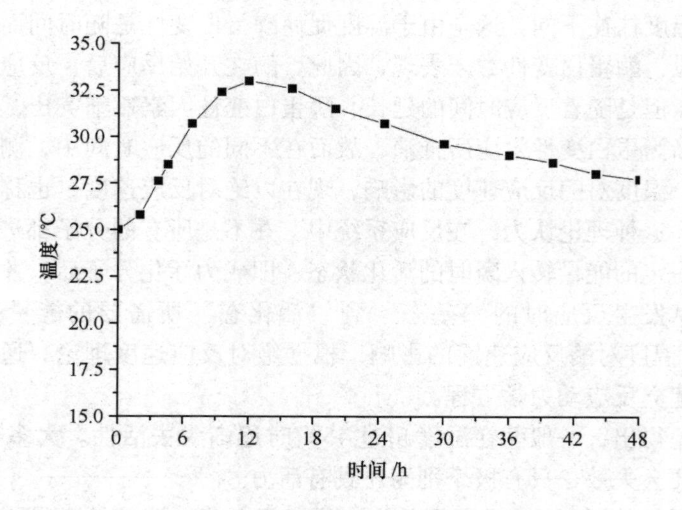

图4－4 主发酵实际温度控制的经验曲线图

（四）热能名词

这里介绍发酵过程中的几个热能名词，可以作为参阅其他发酵资料的参考。

黄酒发酵过程中，随着酵母菌对米饭培养基的利用，以及通气搅拌的作用，产生一定热量，使品温逐渐上升。酵母菌生长繁殖越快，菌体细胞数量越多，代谢越旺盛，大量产生发酵热，品温上升越快。对发酵过程中的热能名词的了解，有助于理解黄酒发酵中“热”的概念，也有利于在阅读专业发酵类资料时，对发酵产热机理的理解。

1. 生物热（$Q_{生物}$）

酵母菌在生长繁殖过程中所产生的大量热能称为生物热（$Q_{生物}$）。它主要是培养基中的碳水化合物（即糖类）、脂肪和蛋白质被微生物分解利用后产生的。其中部分能量被酵母利用来合成高能磷酸化合物（ATP）贮藏起来，供酵母代谢活动和合成酒精的需要，其他部分则以热的形式散发到周围环境中去，引起温度变化。

生物热的产生有明显的实践性，即生物热的大小因培养时间而不同。在孢子发芽和生长初期，产生的热是有限的，当酵母的增殖进入对数生长期后，细胞数量增多，代谢旺盛，生物热大量产生，称为影响发酵品温的主要因素。

2. 搅拌热（$Q_{搅拌}$）

黄酒酿造过程中的主发酵菌种是酵母，酵母为兼性菌种，好氧与厌氧均能使其正常生长。发酵前期的增殖期需一定的好氧条件，以帮助其繁殖细胞，后期则以厌氧为主以产生酒精。好氧培养时，由于机械搅拌，造成液体翻动、液体和设备之间的摩擦，从而产生热能，这种热能称为搅拌热（$Q_{搅拌}$）。搅拌热可由电机消耗的电能扣除部分其他形式的能量散失后估算。

3. 蒸发热（$Q_{蒸发}$）

通入发酵醪液的空气，其温度和湿度随季节及控制条件不同而有所变化。空气进入发酵醪液后就和发酵液广泛接触，进行热交换，同时必然会引起水分的蒸发，蒸发所需要的热量即为蒸发热（$Q_{蒸发}$）。水的蒸发热及排出气所带的部分湿热（$Q_{湿}$）都散失到外界。

4. 辐射热（$Q_{辐射}$）

由于发酵容器内外的温度不同，发酵液中有部分热通过容器壁向外辐射，这种热能称为辐射热（$Q_{辐射}$）。辐射热的大小，决定于容器内外温差的大小，天冷影响大些，天热小些。

5. 发酵热（$Q_{发酵}$）

发酵过程中释放出来的净热量，称为发酵热（$Q_{发酵}$），即发酵过程中产生的总热量减去通过容器壁的传导和辐射热与液体的蒸发热的损失，以及被排气所带走的一部分湿热，就是发酵过程中释放出来的净热量。因此发酵热可用下列方程式表示出来：

$$Q_{发酵} = Q_{生物} + Q_{搅拌} - Q_{蒸发} - Q_{湿} - Q_{辐射} \quad [kJ/(m^3 \cdot h)]$$

由于$Q_{生物}$、$Q_{蒸发}$及$Q_{湿}$在发酵过程中是随时间变化的，因此发酵热在整个发酵过程中也是随时间变化的。为了要使发酵在一定温度下进行，生产上必须采取措施，随时在罐夹层（即夹套）或盘管（即蛇管）内通入冷却水或冰盐水来调节。在小型酒母罐或发酵罐前期，散热量常常会大于产生的热量，特别是在气候寒冷的地区或冬季，则需通热水保温。

二、后发酵控制

后发酵控制相对于前发酵来讲，比较简单。后发酵控制应注意三个方面：一是注意发酵醪的温度变化，不能有明显的升温现象产生；二是要保持相对静止，继续营造酒精的同时，使酒体老熟；三是要对出现的发酵异常情况在后酵中进行适当的调整，以保证酒品的质量符合要求。

（一）控制温度

传统工艺的后酵温度控制是由天然的气候决定的，因为生产季节往往是在较为寒冷的冬天。但随着生产量的增大，一些企业投料时间越来越长，以至于在秋天与春天也在投料。这样后酵的温度控制便成为一个控制的焦点，为保证不至于出现酸度过高或酸败，往往以缩短发酵周期为代价，结果是酒体不够柔和，又会降低出酒率。因此传统工艺要延长投料时间，克服气温升高给酒带来的问题，也应向新工艺学习，强制用冷媒降低后酵的品温。一些黄酒厂采用地池与前缸后罐的形式，都有利于后酵温度的控制。从新工艺生产的实际情况看，后酵温度一般控制在13℃以下基本可保证酒体不出问题。如果高于这个温度并不是说一定要出问题，而是不能保证不出问题，需要密切注意酒体的变化，一旦发现酸度在明显升高，则应提前压榨，以防超酸，影响酒的品质。

传统黄酒季节性生产时，酿酒师们往往根据自然环境，将前期酿造的酒堆放在阳光直射处，以加快继续发酵与后熟；后期酿造的产品堆放在背光阴凉处，以防止后期在压榨煎酒时，坛内品温过高而出现质量问题。传统工艺中，品温升高对酒将产生影响，最为明显的特征是堆放着的醪液从原来的下沉中，又出现了上浮现象，这必须要尽快进行压榨与煎酒，防止因未注意到后酵品温变化而带来的醪液酸度升高。

（二）后发酵质量问题的控制

后发酵因为是前发酵的继续，虽然已经过主发酵的激烈反应，但其在后发酵中仍有酿酒微生物的活动与代谢。只要有微生物活动着，就应该有所控制，以保证酿酒微生物的正常生理。

后发酵质量问题：一是由于前酵的质量原因在后酵中继续存在，这个问题较难处理，关键是要保证前酵的正常。若存在糖化弱，则导致糖化缓慢，影响酵母的正常繁殖，从而使醪液中的糖度偏高，酒度偏低。这时要强化醪液的冷却速

度，并尽可能地在低温下继续老熟，并且适当添加一部分糟烧，人为地提高醪液中酒精含量，达到控制酸度的增长，防止质量更差。二是由于后酵管理不善，造成温度控制不恰当，而致使酸度迅速升高，这时有条件要迅速降温，无条件要抓紧压榨，防止后酵醪液酸度的进一步升高，从而产生质量问题。三是后酵管理时不注意卫生，致使杂菌的大量感染而造成质量下降，加强后酵的卫生管理也是黄酒发酵过程中的一个日常问题，不要只关注前酵忽略了后酵的管理工作。

思考题

一、名词解释

1. 糖酵解　　2. 高级醇　　3. 发酵热

二、简答题

简述酶活性的影响因素。

三、问答题

1. 如何控制后发酵？

2. 在生物代谢中，糖酵解进行到丙酮酸后，丙酮酸的去路有哪些？

第五章

黄酒酿造

我国黄酒酿造有着几千年的悠久历史，品种繁多。其酿造方法、酒的风味、酒的营养功能和生理功能，都有独到之处，被誉为“天下一绝”。通过人们长期以来的实践和不断的总结，各地的黄酒形成了各自的酿造方法和独特的酒体风格。而一些名酒都采用独特的传统工艺酿造而成，传统黄酒酿造工艺的主要特点是“酒曲复式发酵法”，是中国独创而有别于世界各国的酿造工艺，这种酿造技艺是我国古代劳动人民智慧的结晶，是对世界饮料酒生产的伟大贡献，也给现代生物工程的发展带来深远的影响。“曲法酿酒”被中外专家称为中国古代的第五大发明。

新工艺机械化酿造技术是在传统工艺的基础上，为适应现代社会化大生产的要求而发展起来的。黄酒酿造技术通过现代技术的应用，不断地向机械化、数字化、自动化的方向发展，这是历史的必然，也是人类为创造更多的社会价值而采用的一种必然手段。

第一节　黄酒的传统酿造

所谓的黄酒传统酿造，目前基本上是利用一个基本工艺，即许多人工的劳作大多已被机械化与半机械化生产所替代，但仍然保持着陶缸发酵与陶坛的贮存。并且到目前为止，此工艺所酿造的酒的品质还是很理想的。

一、传统黄酒酿造特点

传统工艺黄酒的酿造特点主要有：曲法酿造、开放式发酵、复式发酵、浓醪发酵、低温长时间后发酵、生成高浓度的酒精、有一定的贮存期。

1. 曲法酿造

黄酒是以大米、黍米、玉米、小米、小麦等为原料，经酒药（小曲）、曲（麦曲、红曲、米曲等）中的多种微生物为糖化发酵剂共同作用，酿制而成的一种低酒精度的酿造酒，并赋予黄酒特有的风味。由于曲的种类不同，形成黄酒的风格也不一样。因为曲中有丰富的酶系，并含有与酒香及酒味有关的多种微生物的代谢产物。

2. 开放式发酵

黄酒在酿造过程中是开放式发酵的，酒醪与空气直接接触，会将空气中的微生物带入发酵醪液中，由于酒药生产和麦曲生产就是在空气中自然接种培养，或人工接种自然培养，所以曲、酒药中不可避免存在杂菌，黄酒发酵实质上是霉菌、酵母、细菌多种微生物混合发酵的过程。要酿好黄酒，就要利用好有益微生物，抑制有害微生物。黄酒生产中常采用各种措施，以确保发酵的顺利进行。

（1）传统工艺黄酒生产季节选择在低温的冬季，有效减轻各种有害微生物

的干扰。

（2）在生产淋饭酒获取淋饭酒母时，通过搭窝操作，使酒药中有益的酵母菌等在有氧的条件下很好繁殖，并且在生产初期就生成大量有机酸，合理调节了酒醪的pH，有效地抑制了有害杂菌的侵入，加曲冲缸后酒醪发酵，酵母迅速繁殖，使发酵顺利进行。

（3）摊饭酒发酵中，除了选用优质的淋饭酒母外，还用浸米酸浆水调节醪液的酸度，抑制杂菌生长，保证酵母的迅速生长。

（4）在喂饭法生产中，因分次加饭，醪液中的酸和酵母浓度不是一下子稀释很大，同时酵母不断获取营养，发酵能力始终旺盛，抑制了杂菌的生长。

（5）在黄酒发酵中，进行合理的开耙是保证发酵正常进行的重要一环。开耙起到调节醪液品温、补充氧气排出二氧化碳、平衡糖化发酵速度等作用，强化了酵母的活性，抑制了杂菌的生长。

黄酒发酵虽然是开放式发酵，但通过上述措施与保持清洁卫生，可有效保证发酵的正常进行。

3. 复式发酵

复式发酵又称“双边发酵”，是指黄酒酿造过程中淀粉糖化和酒精发酵是同时进行或交错进行的，为了使醪液中有16%以上的酒精含量，就需要有30%以上的可发酵性的糖分，这么高的糖分对酵母所产生的渗透压是相当高的，将严重抑制酵母的代谢活动。而边糖化边发酵的代谢形式，能使淀粉糖化和酒精发酵互相协调，避免糖分积累过高，保证了酵母细胞的代谢能力。

生产操作过程中掌握糖化和发酵之间的平衡非常关键，如果不平衡，将会产生酸败等现象，所以需要控制发酵条件以保持之间的平衡，哪一方面的作用过快或过慢，都会影响酒的质量，产生不同的风味。

4. 浓醪发酵

黄酒酒醪这样高的浓度发酵，在世界上是罕见的。例如，原料与水的比例，黄酒中大米与水的比例为1∶2左右，啤酒酿造过程中，糖化醪的麦芽与水的比例为1∶4.3，威士忌在酿制过程中，其酒醪的麦芽与水之比为1∶5，可以看出黄酒醪特别浓厚。

5. 低温长时间后发酵

酿造黄酒不单是产生酒精，还要生成各种风味物质并使风味协调，因此要经过一个低温长时间的后发酵阶段，传统工艺生产黄酒的后发酵时间长达90天以上。由于此阶段发酒醅的品温较低，淀粉酶和酵母酒化酶的活性仍保持相当的活力，还在进行缓慢的糖化发酵作用，除酒精外，高级醇、有机酸、酯类、醛类、酮类和微生物细胞自身的含氮物质等还在不断地形成，低沸点的易挥发性的成分逐渐逸出，使酒味变得细腻柔和。一般低温长时间发酵的酒，比高温短时间发酵的酒香气足、口味好。

6. 生成高浓度的酒精

黄酒醪的酒精含量最高可达20%以上。生成高浓度酒精的因素一般认为由以下因素综合在一起：

（1）双边发酵和醪的高浓度。

（2）长时间的低糖低温发酵。

（3）黄酒酵母耐酒精能力特别强。

（4）大量的酵母在酒醪中分散。

（5）曲和米的固形物促进了酵母的增殖和发酵。

（6）米和小麦中的蛋白质、维生素 B_1 可吸附对酵母有害的副产物——杂醇油等，保护了酵母的发酵。

（7）发酵醪的氧化还原电位初期高后期低，与酵母增殖期和发酵期相适应。

（8）发酵醪复杂的成分中存在促进发酵的物质。

7. 有一定的贮存期

为了确保成品的质量，新酿制的黄酒都应有一定的贮存期进行陈酿，一般不宜立即出厂，但也不是贮存期越长越好，不同的品种应有不同的贮存期，若发生过熟，酒的质量反而会下降。出厂期的长短应由酒成熟度而定，而成熟速度又与浸出物的多少有关，一般含糖量较高的酒的贮存期不宜太长，而一般干型、半干型黄酒的糖分含量较低，可以长期贮存。

二、传统工艺黄酒的发酵形式

黄酒发酵的形式，传统与机械化基本相同，这些形式是借鉴日本清酒的发酵形式而提出来的。黄酒发酵形式由于原料的质量、原料的配比和工艺的差异，发酵速度也参差不齐，一般大致可以分为以下四种类型：

1. 前缓后急型

黄酒生产过程中由于酵母太老、酒母用量过少或落缸温度较低，酵母增殖迟缓、糖化不断进行，酒醪中虽已产生较高的糖分，但酒精发酵很慢、温度上升不快，落缸过了24h以上才出现气泡，发生前缓倾向。而一旦酵母繁殖到一定数量，就开始旺盛地发酵，糖分降低很快，这样的发酵类型易酿制成酒精度高而口味较单薄的辣口酒。但如果后阶段发酵控制较好，不过于激烈，也可以酿制成高质量的黄酒。而且由于发酵透彻，糟粕较少，所以出酒率较高，这种发酵形式相对也比较安全。

2. 前急后缓型

在生产过程中如果淋饭酒母较嫩、曲也较嫩、落缸温度较高，酵母很快发育繁殖，迟滞期很短，13~14h后就出现气泡，生温迅速。由于发酵温度较高，发酵速度较快，可以在短时间内生成大量的酒精。但如果糖化速度跟不上，容易出现酵母早衰的现象，而且由于发酵温度高，必须及时给发酵醪降温。如果生产时

环境温度不够低，这种发酵形式相对风险较大。如果后发酵控制较好，易酿制成口味浓厚的甜口酒。

3．前缓后缓型

在酒母比较老、米的精白度过高、麦曲的质量较差，以及落缸温度较低的情况下，发酵的迟滞期较长，发酵速度慢，发酵不完全，残糟多，出现过滤压榨困难，出酒率低。由于发酵始终不旺盛，容易引起杂菌感染，有产生酸酒的危险。

4．前急后急型

在酒母嫩、麦曲嫩、米的精白度低、蛋白质含量较高、落缸温度又较高的情况下，发酵速度快，酵母受酒醅中高温、高糖度、高酒精浓度的影响，易于衰老，短期内完成发酵，残糟较多，制成的酒口味淡辣。

三、传统干型黄酒的生产

黄酒酿造历史悠久、品种繁多，通过人们长期的实践、生产经验的不断总结，各地黄酒形成了各自的不同酿造方法和独特的风味，尤其是一些名酒，都有各自独特的传统酿造工艺，一般黄酒按成品糖分的含量可以分为干型黄酒、半干型黄酒、半甜型黄酒、甜型黄酒。下面我们选择各类型有代表性的酿造方法加以介绍，先介绍干型黄酒的生产。

干型黄酒成品含糖量等于或低于15.0g/L（以葡萄糖计）。酒的浸出物较少，因而口味比较淡薄，这是由于配料和操作工艺所决定的。一般干型黄酒配料中加水量较其他酒种大，因而发酵醪浓度较稀薄，加上发酵温度控制较低，开耙间隔时间较短，这就有利于酵母的糖代谢而生成酒精，发酵较为彻底，酒中残留的淀粉、糊精和大分子的糖等物质较少，因此酒的风味不是很浓厚，干型黄酒根据加曲种类的不同可以分为麦曲类干黄酒和米曲类干黄酒，下面分别介绍。

（一）麦曲类干黄酒

麦曲类干型黄酒根据工艺不同可以分为淋饭法、摊饭法、喂饭法三种操作方法。

1．淋饭酒

淋饭酒是酿制绍兴酒的酒母，又称为“酒娘”。淋饭酒这一名称是由于将蒸熟的饭采用冷水淋冷的方法操作而得名的。淋饭酒成品也可以作为产品直接卖，俗称“快酒”，又名新酒。但风味较为单调。一般淋饭酒的酿造大约在农历每年的小雪与大雪两个季节之间，现将淋饭酒的生产工艺过程及工艺配方以及成品分析测定详述如下：

（1）配料　新中国成立以前，酿酒生产多以酒作坊的形式分散进行，一般均以斗、木桶作为量具，并没有规定配比，由于淋饭酒不是绍兴酒成品的主要品种，大多只是作为“酒娘”使用，所以要求不是非常严格，新中国成立后几家大的酒厂为稳定质量，对淋饭酒制定了统一的配方，见表5－1。

表 5－1 淋饭酒原料配方表（每缸）

原料	用量	原料	用量
糯米	125kg	酒药	218g
麦曲	19.5kg	水	144kg

（2）操作过程

操作工艺流程图如图 5－1 所示。

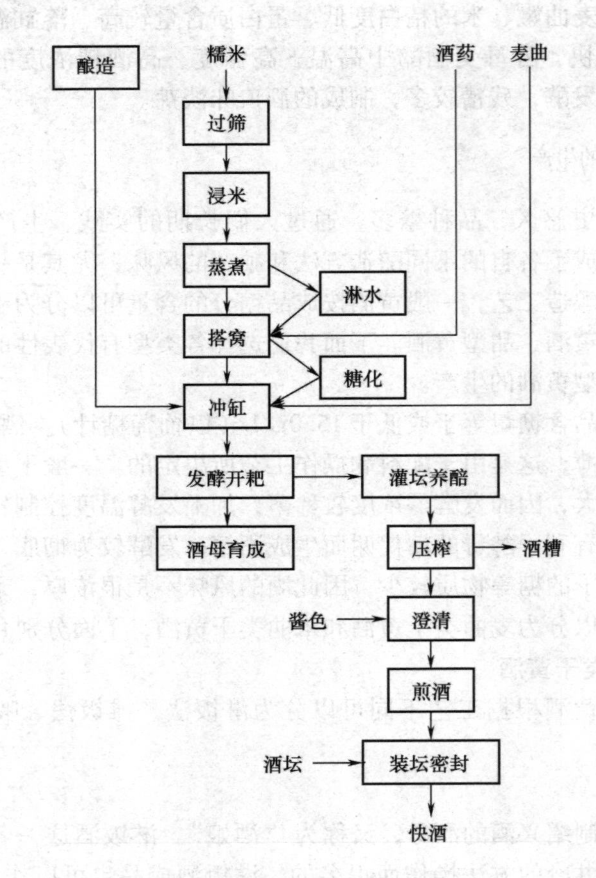

图 5－1 淋饭酒操作工艺流程图

①过筛：糯米一般精白度为 90%，在浸米前应过筛，以除去米中的糠秕碎米以及其他的杂质。

②浸米：酿制绍兴酒的糯米均是用蒸汽常压蒸煮的，因为原米淀粉颗粒组织紧密，所以必须先经一段时间的浸渍才能使淀粉颗粒巨大分子链因水化作用而展开，以便常压短时间内能糊化透彻，以避免饭料中心出现白心现象。

浸米的缸均经过石灰水和沸水两次消毒。然后在缸内盛放清水，放入筛过洁

净的糯米，水以满过米 6～10cm 为好，每两缸酒的糯米量合浸一缸，浸米时间根据糯米性质、自然温度以及浸米水温等因素决定，浸米时间大致规定见表 5－2。

表 5－2 淋饭酒浸米时间与气温、水温的关系

气温/℃	水温/℃	浸米时间/h
5～10	5～7	44
11～15	6～12	40

浸渍后的糯米用箩筐盛起，再以清水淋去米浆，待沥干后进行蒸煮。

现代大规模的生产厂家为提高生产效率，传统工艺也多采用大罐露天浸米，其原理和陶缸浸米一样，先在罐中放入水，再送入经筛选除杂的米，控制水的高度为米层上面 10cm 左右，由于大罐浸米层厚，应在浸米后第二天用压缩空气松米，使下层的米不会因受挤压而影响其吸水，同时也有利于乳酸菌的繁殖。大罐浸米放水沥干的步骤也较简单，原料米的损失较少，提高劳动效率，减轻劳动强度，其浸米的效果和陶缸完全一样，完全可以取代陶缸浸米。

浸米后由于淀粉部分溶于水中，以及乳酸菌的作用消耗，都会损耗一些与生成酒精无关的淀粉，表 5－3 为淋饭酒用糯米浸渍前后的各成分变化情况表。

表 5－3 淋饭酒用糯米浸渍前后的变化情况

项目	例一	例二
浸渍前米质量/kg	125	125
浸渍后米质量/kg	171	172
原米含水分/%	15.32	15.32
原米含淀粉/%	73.13	73.13
浸后米含水分/%	41.57	40.23
浸渍后水重/kg	176.5	172
浸渍水总固体/%	1.549	1.789
浸渍水含淀粉/%	—	0.648
浸渍后重量损失率/%	2.732	2.859
浸渍后淀粉损失率/%	—	1.023
浸渍后水的酸度/%	0.051	0.048

由表 5－3 可知，糯米浸渍 40～44h 后，增加水分 24.91%～26.25%，原料损失率为 2.732%～2.859%，淀粉损失率为 1.023%。

在蒸煮前，每缸浸米均匀地分装于 6 个甑桶中，每 3 桶酿制一缸淋饭酒。蒸桶是有假底的圆木桶，其上部直径为 80cm，下部直径 76cm，高度为 21cm，假底上面铺有棕垫，蒸煮时蒸汽透过棕垫穿出糯米。

③蒸饭：浸后的米沥干后，倒入木制甑桶中，放在汽灶（或大铁锅）上，开蒸汽（或加热使铁锅中水沸腾产生蒸汽）进行蒸煮，吸水后的糯米淀粉颗粒，由于蒸汽的热度开始膨胀，并随温度的逐渐上升，使淀粉颗粒各巨大分子间的联系解体，从而达到糊化。至蒸汽全部透出饭面，加盖蒸同时减小蒸汽的进气量，根据饭的熟度决定盖的时间。一般要求饭粒熟而不糊，内无白心。太糊的饭不利于拌药搭窝后菌类的繁殖，但更不能有生心，防止淋饭酒的酸度升高。

④淋水：饭蒸透后由两个工人将木桶抬至架在有架的木盆中，木桶上放一竹筛，立刻用水桶盛清洁冷水冲淋，现在一般改用高位桶，按刻度中控制的量，直接将水从蒸饭桶上放下。其目的一是迅速降低品温，二是冲水分离饭粒、降低饭粒黏度，以利通气从而利于菌类繁殖。

每甑饭淋水约125kg左右，在淋水时先弃去最初流下的水约25kg，然后用水桶盛出25kg的淋水移开，接出的水温度50℃左右，其余的水不用，由于饭表面经冷水淋后降温较多，为使饭温上下均匀，用接出的50℃水复淋，使饭温上下一致（降至32~35℃），但淋饭水也须视气温高低而酌量增减。如以每甑饭计，其淋水量与淋水温度一般关系见表5-4。

表5-4　淋水量与淋水温度关系表

气温/℃	淋饭用冷水量/kg	复淋用温水量/kg	淋水后品温/℃
5~10	125	60	34~35
11~15	150	50	32~34

从淋后的饭的测定结果变化情况看出，淋饭中的固形物损失并不多，故没有对淀粉分析，但经蒸煮及淋水两步操作后，饭的水分含量达到60%左右，即经过蒸煮和淋饭后，又增加水分20%。淋饭过程的变化情况见表5-5。

表5-5　淋饭过程变化的情况

项目	例一	例二
气温/℃	12	12
淋水后饭的质量/kg	225	227
淋饭水总固体/%	0.0675	0.0750
淋水后饭的含水分/%	59.83	60.37
拌药后饭温/℃	27	28

⑤拌酒药落缸：淋饭后的糯米饭略等片刻，沥去余水便移入大陶缸中，每一个大陶缸中放三甑糯米饭，相当于125kg的糯米，在使用前，发酵缸须经日晒、石灰水和沸水杀菌消毒。糯米饭分批倒入缸中，分批拌入酒药粉，然后将饭搭成

U字窝，窝底直径约8cm，饭边高70cm，用竹丝帚将窝面敲实，以不使饭窝下榻为度，落缸品温为26～28℃，但也视气温高低决定。糯米饭拌匀酒药搭窝后，即盖上稻草编成的缸盖，酒缸周围用草席围着保温，经36～48h，饭窝中开始有甜液出现，但味带涩，这种半成品称为“甜酒娘”，又称酒窝水。当窝中的饭下沉，酒窝水渐渐满至5～7分的窝高时，就要放入配方麦曲和水，俗称“冲缸”，接着便进行下一步的发酵。冲缸用的水温根据气温的不同要有适当的调整，如遇严寒冰冻的气候环境，为保证发酵正常需给冲缸水提升一定的温度。

⑥发酵：加入麦曲和水后，用划脚木耙充分搅拌均匀后，仍用草缸盖盖住保温，此时草席（保温用的缸衣）可以除去，在一般情况下待缸心温度达到工艺规定值时，可进行开耙操作。一般用温度计插入缸心量温度，用沸水消毒过的木耙进行搅拌开耙。发酵到达一定时间后，温度上升，缸内会有丝丝的响声，不断有小气泡从缸面形成的饭盖下钻出，形成一个个小孔，发出刺鼻的酒香，即用木耙将饭面压入缸底，反复上下搅拌至均匀，完成开耙操作。

开耙操作的目的：一是为了降低品温，并使缸中品温上下一致；另一方面是为了排出发酵过程中积聚在饭盖下面的大量碳酸气，同时提供新鲜的空气，可以促进发酵菌的繁殖，并可减少其他杂菌繁殖的机会；三是通过开耙，将缸面固液一体的醪液与空气相对隔离，使酵母加快酒精的代谢。绍兴酒最重要的技术关键“开耙”，各厂均由经验丰富的技工掌握，同时依据气温的高低变化，要灵活掌握开耙温度和时间的变化。在第一次开耙后，一般间隔3～5h开二耙、三耙，一般技工并不是以时间来决定开耙，而是以温度以及缸面气泡声等感官结合起来综合考虑开耙时间。淋饭酒开耙品温控制情况变化见表5－6。

表5－6　淋饭酒开耙品温控制情况

耙次	室温/℃	搅拌前品温/℃	搅拌后品温/℃
头耙	5～10	27～28	26～27
	11～15	26～27	25～26
二耙	5～10	30～31	29～30
	11～15	28～29	27～28
三耙	5～10	30～31	29～30
	11～15	28～29	27～28
四耙	5～10	29～30	28～29
	11～15	27～28	26～27

通常在第二次开耙后，即可除去草盖，至第四耙后，如果因气温高品温上升太快，即可采取降低温度措施或用电风扇鼓风或分缸处置。如果温度仍不能降低，即分盛在酒坛中（每坛约重25kg）。在正常情况下四耙后每日搅拌三次即

可，又称开冷耙，待品温与室温一致时即分盛酒坛中，上覆荷叶瓦盖，存放室外适宜场所，此时糟粕逐渐下沉，现乳白色酒液。

做淋饭酒娘用的淋饭酒，为保证酵母的活力与增殖，一般开二耙，即灌坛分散加快降温，由于分散后发酵仍然旺盛，需在分散后的前两天进行开坛耙，使坛中的醪液发酵进入低温缓慢发酵，然后再进行堆叠存放，一般存放阴面，以延缓后期酵母的老化。

从落缸发酵起，经 18～20d 左右，便可以作酒母使用，一般每年的酒母用量只要生产 15d，即可供应整个冬季 100d 左右所需的酒母。

淋饭酒在绍兴酒的生产中有着相当重要的地位，因为整个冬酿酒的菌种就是淋饭酒娘，其质量的好坏直接影响冬酿酒的品质，而且淋饭一次生产往往要用一年，所以其工艺控制要求相当高，除了严格按工艺要求操作外，实际生产中还要根据具体的情况灵活应对，温度是控制的要点之一，感官口味也是判断产品质量的指标之一。淋饭酒生产时的操作时间控制相当严格，开耙技工在生产时也很辛苦。

2. 摊饭酒

摊饭酒是用摊饭的方法酿制而成的各种绍兴酒的统称，因将米饭摊在竹簟上冷却而得名，由于配料的不同而分为元红、加饭、善酿等许多花式品种，其中又以元红酒最具代表性，元红酒属于干型黄酒，发酵较为彻底，下面以元红酒为代表介绍摊饭酒的生产工艺。

传统工艺摊饭酒须在低温下酿制，其发酵周期长达 70～90d，目前，生产尚为气候条件所限制，因在后发酵期气候转暖，来不及压榨、煎酒，就有酸败的危险。因此生产季节不宜拖延太久，一般仍按原有习惯每年小雪（公立 11 月 22 日左右）开始浸米，大雪开始蒸饭发酵，至立春（第二年的 2 月 5 日左右）便停止蒸饭发酵，转而开始压榨煎酒。

下面将摊饭酒的配料、操作过程及分析测定结果分别加以叙述。

（1）配料　一般传统工艺绍兴酒的发酵容器为大缸，容量为 500kg 和 600kg 的都有，我们以缸为单位，一般每缸用糯米 144kg。表 5－7 为元红酒的配方。

表 5－7　元红酒的配方

名称	用量/kg	名称	用量/kg
糯米	144	浆水	84
麦曲	22.5	水	112
酒母	5～8		

（2）操作过程

摊饭酒的操作流程如图 5－2 所示。

①过筛：要求浸米前原料糯米经过振动筛除杂质，标准要求和淋饭酒相同。

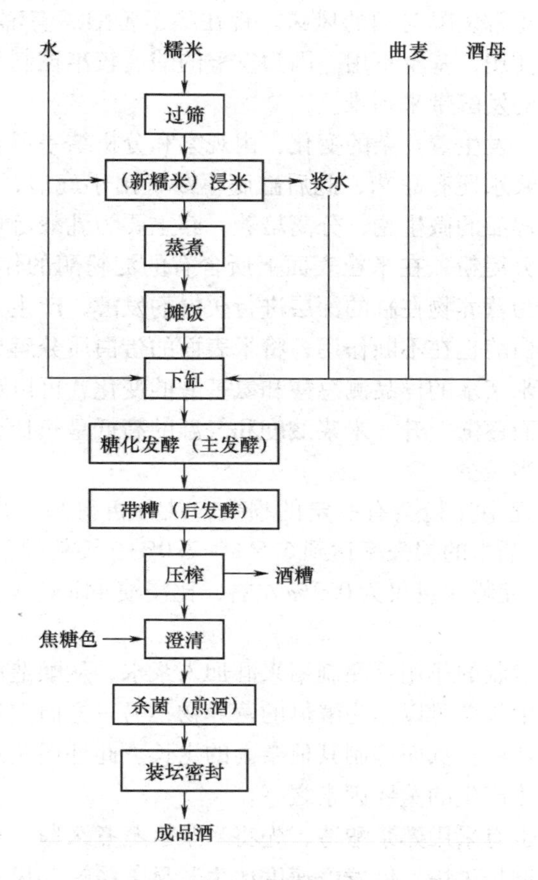

图 5－2　摊饭酒操作工艺流程图

②浸米：摊饭酒工艺操作过程中浸米时间长达 16～20d，浸渍时间如此长久，不仅在于使糯米便于蒸煮，更是为了要在浸米过程中让浸米水中的乳酸菌繁殖，产生酸浆水，作为酿酒时的一种重要配料。

操作过程及浆水制备方法是，每缸浸米 288kg，刚好可供两缸酒的原料用，浸渍水的表面，高出米层 6～10cm，浸米时必须先在缸内放三分之一的水，再放入筛选的原料，不能先放米，再放水。要求和浸淋饭米一样。如果是大罐浸米也要求先放水后放米。浸渍几天后，水面上常有一层乳白色的菌璞形成，并且有气泡冒出液面，如果放在显微镜下镜检，菌璞为皮膜酵母，这层菌膜，要求用捞斗捞出缸外，由于浸米采用露天浸，浸米时间可根据工艺要求，一般浸米时间 16～20d，气温高时，也有少于 16d 的，并不一定生搬硬套，要根据气候条件灵活掌握浸米时间，在蒸饭前一天，放掉米浆水。如果是陶缸浸米，一般用捞斗把米捞出，放在竹箩中沥干蒸饭。如果要用浆水，必须蒸饭前一天取用，稀释后澄清，第二天使用，而且必须是当年的新米的浆水，陈米与陈谷新开的米浆水，最好不用，避免影响正常发酵与酒的风味。现在除了善酿酒有部分配方用浆水外，其他的酒浆水较少使用，基本不用。因为发酵的酸度较难控制，酸浆中的杂菌繁殖较快，会给我们的发酵带来困难。

在浸米过程中，发生着复杂的变化，由观察和分析结果得知，当浸米后第二天，从缸心取样时浆水便有甜味，此后缸底不断冒出小气泡，浆水便逐渐变酸，用显微镜观察缸心样品的微生物，分离培养，其主要为乳酸链球菌，可见在浸米初期所溶解的一部分淀粉，在米粒表面上所含有的淀粉酶的作用下，转化成糖，再被乳酸菌利用作为营养物在缸的深层进行缓慢的发酵，产生大量的乳酸。同时谷物自身所带的蛋白酶也在不断作用，将米表面的蛋白质分解成氨基酸，如用长玻璃管从缸心吸取米浆水的样品测总酸和氨基酸的变化，可以看出总酸和氨基酸随浸米时间的延长而逐渐上升，米浆酸度和气温的高低呈正比，因此，气温较高时，浸米时间可适当减少。

糯米在浸渍过程中淀粉会有一定的损失，从分析得知，浆水中的固形物为3.3%左右，浸渍后糯米的损失率达到6.5%～7.0%，淀粉损失率也达到4.5%～5.3%。但在浆水中淀粉含量仅为0.2%左右，比浸渍44h还少，显然是被微生物消耗的结果。

浆水对绍兴酒酿制的作用：酿制绍兴酒加入浆水，从酿造原理推测，一方面浆水中的氨基酸及生长素可以作为酵母的营养物；另一方面大量的乳酸能使发酵醪维持一定的酸度环境，从而抑制其他杂菌的生长。此外还关系到陈酿时的陈化作用，是绍兴酒香味产生的重要因素之一。

在实际生产中也有采用熟浆酿造，先将米浆水蒸煮杀菌，再作为配料一起酿造，可以防止酸度增长过快，但发酵速度比生浆显著缓慢。风味也不及生浆，由此推测可能浆水中存在乳酸菌等有利于发酵的微生物，受热后会失去其活性，从而影响酒的风味与口感。

虽然浆水的作用显而易见，但在实际生产中的使用是较为慎重的，首先必须用当年的新米的浆水，陈米因为长期存放过程中会有大量的杂菌繁殖，其浆水往往会带有酸臭味，不能酿酒；其次加入的浆水的酸度必须加以控制，不能过高，否则易导致酸败，而且浆水必须先澄清取上清液使用；再次气温较高时不宜用酸浆，否则升温太快很难控制发酵。总之用浆水酿制半干型黄酒必须十分小心。

③蒸煮：将经过浸渍、沥去浆水的糯米盛放在竹箩中，将每缸米均匀地分装成4甑进行蒸煮，每两甑为一缸，其蒸煮操作过程和淋饭相同，但蒸饭时的熟度掌握稍稍有所不同，一般情况下，淋饭酒因为要搭窝，饭的熟度要让饭粒偏硬一些，故浸米时间也比摊饭酒的浸米时间要短；而摊饭酒饭的熟度可偏熟一些，当然其程度的掌握就需要在实践中不断积累，很难一言而尽。摊饭酒蒸煮所用甑桶也比淋饭的高，为了增加出饭率，使米易于熟透，当蒸汽从饭面大量透出时，盖上木盖焖至饭粒内无白心，即蒸煮完成。蒸饭的要求是颗粒分明、外硬内软、内

无白心、疏松不糊、熟而不烂、均匀一致。

④摊饭：煮熟后的糯米饭，立即由两名工人抬到室外倒在竹簟上，一般每张倒两甑，竹簟事先清洗晒干，摊放在阴凉通风处，倒饭前先在竹簟上洒一些水，以免饭粒粘附，饭倒出后即用木楫（木制大划脚）摊开，并加以翻动，便于饭温迅速下降，摊冷所需饭温以下缸所需品温来决定，以前生产中全凭老工人经验掌握。气温高，饭应摊得薄一些，且多加翻拌；气温低摊得厚一些。由于摊饭操作劳动强度大，工作效率低，现代的酿酒厂已很少用这种操作法，其实摊饭的过程也就是饭冷却的过程，现在一般采用的是蒸饭后直接把饭甑抬到打风桶上，打风桶下面开孔用风机鼓风，吹入冷风冷却饭的温度，同样可以达到冷却饭温的目的，而操作简单得多，如果用蒸饭机的话，冷却可以直接用冷饭机，其原理也是用风吹冷，可以连续进行冷却，效率更高，劳动强度更低。

⑤落缸：在落缸的前一天，每一缸事先放好配方的酿造用水，第二天只要倒入摊凉的饭即可，每一缸分两箩（甑）倒入缸内，第一箩（甑）倒入后，先用木划脚将饭团搅碎，第二箩（甑）倒入后，依次放入麦曲、浆水及淋饭酒母，充分搅拌均匀，因下缸时醪液较厚，要有2~3人一起共同翻拌，翻拌的目的是使落缸温度均匀，淋饭、麦曲和水均匀，饭团全部打碎均匀。落缸温度应根据气温高低而灵活掌握，见表5-8。

表5-8　落缸温度与气温对应参考表

气温/℃	落缸温度/℃
0~5	25~26
6~10	24~25
11~15	23~24

另外落缸时间的迟早，对品温控制、淋饭酒母用量也有关系，一般早上落缸品温减1℃，酒母用量在上午少加0.5kg，下午多加0.5kg。以减少因落缸先后所造成的发酵品温的参差不齐，做到在同一时间可以进行开耙操作，以方便管理。

⑥发酵：当物料落缸后，麦曲中淀粉酶与饭粒的接触作用，使大米糊化后的淀粉转化成葡萄糖，同时加入的酒母也渐趋活跃，因此在落缸8~12h后，即可听到发酵的嗞嗞声，如揭开缸盖，取发酵醪尝，味甜而略带酒香，此时要开始注意测量品温，及时开耙。

⑦开耙：绍兴酒酿制过程中，开耙是最重要的技术操作岗位，也是酿酒的关键技术岗位，基本要求是控制糖化和发酵的平衡协调，因技术和风格差异一般分为高温和低温两种不同的开耙方式。在生产中，原绍兴酒厂、沈永和酒厂的风格以开高温耙为主，绍兴县的技工多以开低温耙为主。因开耙品温掌握高低不同会影响到发酵规律的变化及酒的风味，在绍兴地区一般把高温开头耙称为热作酒，

低温开头耙称为冷作酒。

a. 热作酒：在绍兴酒的配料中，原先每缸糯米144kg，蒸煮吸水后再加上投料配方的水总计274kg左右，液比不到2倍，所以落缸后不到半个小时，饭粒便吸水膨胀，发酵醪在缸内凸起形成一个大饭团，发酵过程中产生的热量不易散发，品温上下不一，缸底和缸心的温差可达10℃以上，整缸温度以缸面以下10~20cm的缸心处为最高，一般开耙温度以此处测得的温度作为依据，当品温达到37℃左右，才开始用木耙插入缸内上下搅动，第一次搅拌称为开头耙，头耙以后品温显著下降，醪液也变稀薄，此后各次开耙后的品温下降便较少，表5-9为正常情况下开耙品温和耙前耙后的温度变化，供参考。但在实际操作过程中，常因酒药、麦曲的质量差异，需要根据实际情况灵活掌握。

表5-9 热作酒各耙次前后品温变化对照表

耙次	品温/℃		相隔时间/h
	耙前	耙后	
头耙	35~（36~37）39	22~26	落缸后11~13
二耙	29~（30~32）33	26~29	3~4
三耙	27~30	26~27	3~4
四耙	24~25	22~23	5~6

注：（1）括号内为最佳温度。

（2）表内温度以1956年绍兴酒厂冬酿数据为依据。

在头耙和二耙，以品温的高低掌握开耙，至三耙和四耙，品温的变化已趋缓和，如果单纯根据温度的高低来开耙，不能保证酒的质量和风味，而须由经验丰富的老技工以味觉的变化作为开耙的主要依据。据经验，一般室温较低时，品温上升慢，酒味较淡，即表示发酵缓慢，应该让开耙时间适当延长些，如气温过低，品温不再上升可以适当减少耙次，即在开过头耙、二耙后或在三耙后，时间已拉得很长，可不再注意耙次，当间隔一段时间后，加以搅拌。如发酵剧烈，品温上升太快，则必须多开耙，或以分缸分坛等方式以降低品温。如果品温过高，会导致酵母早衰，酒的酸度上升过快，影响酒的品质。一般开过四耙以后，温度逐渐降低，以后可以早晚两次搅拌，俗称开冷耙。开冷耙的作用一是进一步降温；二是通过搅拌送入氧气，排出二氧化碳，从而提高酵母活力，抑制杂菌生长。但为了防止酵母过度发酵生成二氧化碳气体，在气温低的情况下应尽可能少开耙。经过5~7d后，酒醪品温与室温相近，糟粕下沉，即可停止开冷耙，进行灌坛或缸养。

b. 冷作酒：冷作酒一般落缸温度比较低，落缸后一般用木划脚插入缸底，将饭撬松，撬松的目的有利于通气散热，也可抑制厌气乳酸菌的生长产酸，促进

酵母的生长繁殖。缸内的温度经过撬松也已经均匀一致，开头耙时不会像热作酒那样，耙前耙后温差较大，其耙前耙后的温度变化见表5－10。

表5－10　冷作酒开耙时间及品温变化表

室温/℃	耙次	品温/℃		相隔时间/h	保温及掺耙
		耙前	耙后		
0～10	头耙	23～24	19～20	落缸后10～20	耙后19～20℃双缸盖，20～23℃单缸盖，23～25℃不加盖
		25～30	22～25		
	二耙	24～27	19～22	6～7	耙后19～20℃双缸盖，20～22℃单缸盖，23℃以上不盖，24.5℃以上掺耙
		28～31	22～27		
	三耙	21～23	20～21	4～5	耙后21℃以下单缸盖，其余不加盖，25℃以上掺耙
		24～28	22～27		
	四耙	21.5～23	19～23	4～5	全部不保温
		23.5～27	23～27		
11～15	头耙	25～27	22.5～24	10～20	耙后全部不保温
		28～31	24～28		
	二耙	26～27	23～26	4～5	耙后26.5℃以上过1h掺耙，25℃以下单缸盖，其余不加盖
		28～31	26.5～27.5		
	三耙	27～29	25～26	7	全部不保温，27.5℃以上掺耙
		30～31	27～28		
	四耙	26～28	25～26	5	全部不保温
		28～29	26～27.5		

注：掺耙是指在两次开耙之间插入一次搅拌，多因有几缸温度太高，须多搅几次调节。

冷作酒头耙至四耙期间可以定时开耙，但由于每一缸的品温有高低，落缸时间有前后，所以经验丰富的老技工们会用手摸、鼻子闻、嘴巴尝等感官品评方法来掌握调节开耙。技工还经常用缸外的保温物的多少来调节缸内温度的上升，也可以用搅拌次数的多少来调节发酵的进程。经过四耙以后，一般称为开冷耙阶段，此时对酒味的控制相当关键，一般都是经验丰富的老技工亲自尝味掌握指导生产。开冷耙第一天要开5～6次，第二天以后可每天两次。

c. 热作酒和冷作酒的差异点：热作酒前发酵的温度较高，必须达到一定的温度才能开头耙、二耙，而由品温的高低决定开耙与否，一般热作酒落缸的温度也相对较高。其发酵温度变化是逐耙递减。而冷作酒一般可以定时开耙，发酵品温最高一般不超过30℃，由于发酵品温控制较低，并注意松饭通气，品温控制较为容易，酿成的酒酸度较低，一般不容易超标。而热作酒就非要有经验丰富的技工掌握不可，一旦控制出差错，容易导致旧的酸败，而酿成的酒，即使酸度不高，也要加入少量的石灰乳。据说可以调节口感，使酒口感爽口，煎酒后成品酒容易澄清。

根据消费者的反映，热作酒俗称“老口酒”，冷作酒称为“嫩口酒”，这是由于各地区的消费习惯嗜好不同所致。

⑧带糟：在落缸后 5 ~ 7d 以后，酒醪下沉，发酵进行缓慢，主发酵阶段结束，此时可将两缸酒合并，静置于缸中，名曰“缸养”，如将酒醪搅拌均匀后，分盛于坛中，称为“带糟”。“缸养”或“带糟”都是指传统工艺绍兴酒的后发酵，因盛放方式不同而有不同的称呼。绍兴酒在缸中后发酵时，因受气温的影响较少（可用草缸盖、草包等围裹保温）且可避免灌坛中的损耗，故可以缩短发酵周期，提高出酒率，但生产上因为设备周转以及场地的限制（不能叠放），只能在生产后期的少部分酒采用此方法，绝大部分酒的后发酵采用“带糟”的方法，灌坛室外露天堆放，一般可堆放 4 个酒坛高，场地的利用率大大提高，每缸酒大约可以灌 16 ~ 18 坛“带糟”，每坛 23kg 左右，不能太满，否则养醅期间会出现酒醪满溢甚至酒坛爆裂的风险。

带糟酒露天堆放的场地应该平整压实，酒坛堆放横竖对齐，一般周边堆三个酒坛高，称为“包边”，中间堆四个酒坛高，下面三个酒坛上放一张荷叶即可，最上面一坛酒除放一张荷叶外，上面再加盖一个陶制的坛盖，称为“带糟盖”。由于露天堆放酒坛，里面酒的温度会随气温的变化而变化，因此在气温寒冷时，将最初酿的酒（前性酒）堆放在向阳的地方，太阳直接照射，能促进发酵。将最后酿的酒（后性酒）堆放在北面背阴的地方，以防后性酒在天气转暖时来不及压榨酸度上升（失榨）而影响质量。

绍兴酒元红、加饭、善酿等品种，因为配料的不同，在发酵过程中的化学、生物的变化有所不同，一般可归纳为以下几点：

a. 酒精：在头耙至四耙之间，增长极快，落缸 2 ~ 3d 后，酒精浓度即可达到 10% 以上，在酒精度达到 13% 以后，增加速度开始减慢。另外，酒精增加的速度和发酵的温度有很大的关系，发酵前期温度高一些，酒精增加快一些。

b. 糖分：在头耙时，酒醪中的糖分含量最高，此后逐渐降低，最后趋于稳定状态。

c. 总酸：在酒精浓度达到 13% 左右时，酸度已很少上升，一般以酸度 7.5 左右为正常，但在气温转暖后，酸度会很快上升，如果发酵已经成熟而没有及时压榨，养醅期过分延长也会造成酸度快速上升（失榨），故对成熟的酒醪要及时压榨，避免造成失榨。

d. 氨基酸：当主发酵阶段结束后，氨基酸常保持在 0.4 ~ 0.5，但在发酵后期可逐渐增加到 2.5 左右。

e. 酵母数：在落缸时如按接入的酒母的酵母数计算，每毫升大约 750 个，但

从 17~20h 后开头耙时的检测来看，酵母数已达到 540 百万个/mL，增长达到几十万倍。从头耙到主发酵期结束，酵母数一般保持在 5~8 亿个/mL，变化不明显，也无明显的规律。酵母的出芽率一般为 5%~10%，但也有 15% 以上的。酵母死亡率：绍兴酒的酒醪中死酵母比较少，死亡率大都在 1% 左右，但也有 5%~10% 的情况出现。在取样时，虽将醪液尽量搅匀，但酵母经常沉于缸底，因此有取样不均匀、前后不一致的情况，故难以从酵母检测中找出规律，在坛中灌进“带糟”以后，每一坛的酵母数都会有所不同，故一般不再检测。

f. 细菌：细菌在发酵期末，即在发酵后期天气转暖酸度上升时检测，发现有很多呈链状的杆菌存在，说明由于感染杂菌致酒醪酸度上升，一般酸度稳定时杂菌数量增加较少。前后发酵时间，一般从落缸起算到压榨止在 70~100d，酒醅成熟。

⑨压榨：压榨是将成熟的酒醅进行固液分离，榨出的酒称为清酒，剩下的称为酒糟。传统工艺最早时采用木制压榨工具，称为“木榨”，该机木框最高离地 3m 左右，木框有多层结构，上下层可拆卸，使用时一层层套上去，每一层高 30cm 左右，总共 9~10 层，木榨旁设有扶梯供工人上下操作用，木榨的框内放灌满酒的滤袋，滤袋口扎紧，然后多只滤袋放满木框，再放压板压杆和榨石，利用压石的重量将滤袋中的酒液压出，其原理是杠杆和重力的共同作用。木框底部有竹片编的箪，使压出的酒液顺利地从底部的孔口中流出，灌袋后经过 8~12h，滤袋中的酒基本上被压干成饼状，此时打开榨机将滤袋折叠后平铺在木框内，使滤袋受压均匀，再铺上压板和压石进行压榨至第二天，然后将压石去掉，取出滤袋，倒出里面压干的酒糟，即完成压榨的过程。

木榨操作须注意以下几点：

a. 刚开始时，加压要低一些，利用滤袋本身的重力即可使酒液迅速流出，此时流出的酒液较浑浊，随后酒液逐渐变清、流量逐渐变小，然后再逐渐加压，所加压力以不使滤液变浑为标准，刚开始时更要注意，否则易将滤袋压破。

b. 叠袋必须整齐、平直，使中部稍稍突起，否则加压时易向一边倾斜，致受压不匀，不易压干，在压榨完毕出糟时，可将没压干的滤袋挑出，再用另外的木榨重新压榨。

c. 榨机、滤袋要及时清洗保持卫生，以免使酒液混有异味。

现在的酒厂已很少有使用木榨的了，主要是生产效率低，劳动强度高。只有一些为保持传统工艺而特意留下传统工器具的企业，还在少量使用。现在黄酒酿造企业多采用板框压滤机，大大降低劳动强度，提高劳动效率 10 倍以上，板框压滤机将在机械化黄酒生产中详细介绍。

在榨酒前一般根据酒醪的酸度不同，添加一定量的石灰乳，该石灰乳必须是陈化 1 年以上的富阳石灰，石灰乳放在陶缸内用水浸泡，日晒雨淋，可有效减少灰的刺激味，热作酒一般都会加一点，冷作酒视酸度而定。要用陈年的石灰浆，是因为石灰吸收了二氧化碳而部分变成碳酸钙，而不再是氢氧化钙，故刺激味较少，加入石灰可中和酸度，加速澄清，增加酒的醇厚感和风味，克服散口感。但一定不能超量使用，否则会有灰味。

⑩澄清、杀菌、灌坛、密封：压榨以后的酒称为清酒，又称生酒或生清。将生酒放入大缸或地池等容器内，加焦糖色，技工会根据化验指标调节糖分和酒精度，使每一批酒的质量指标趋于统一，这个过程也称“勾兑”，勾兑后的酒静置2～3d后，酒已澄清，取清的酒液灌入锡壶，进行杀菌。现在早已不用锡壶杀菌了，多用蒸汽灭菌设备进行连续煎酒操作。

煎酒也就是杀菌的过程，最早放在大铁锅煮沸，之后改为锡壶煎酒，后来又采用盘管热交换器煎酒，即盘场煎酒，最后用板式换热器、柜式螺旋管换热器煎酒，热效率高，生产效率也高，可自动控制。采用锡壶煎酒的壶中有空心锡管，以增加受热面积，壶口盖有一小型锡制冷却器，壶的重量为80～90kg，盛酒量大约为容量的四分之三，以防加热后酒溢出。每壶酒杀菌操作历时20～30min，当沸腾时，酒精蒸汽会从壶的冷凝器上的小孔溢出，产生尖锐的叫声，因此有“叫壶”之称。杀菌完毕后，迅速将酒灌入已杀菌的陶坛，然后用荷叶、箬壳封口，用竹篾丝扎紧坛口，然后再用泥糊成上口直径稍小、下口直径稍大的泥盖，使坛口封闭，利用酒的热量把泥盖烘干后，就可以堆放在仓库，一般堆3～4个酒坛高。

贮酒用的陶坛在购买后，无论新旧都必须用水清洗和检漏，有渗漏和破损的坛要修漏补坛，在装酒以前必须先将空坛放在架子上用蒸汽杀菌，又称蒸坛，杀菌后的坛趁热灌酒，以利长期贮存。

黄酒采用陶坛包装贮存，用泥头封口，可以避免接触光线和空气，但陶坛并不完全密封，据现代科学分析，陶器有纳米级的微小孔径，液体的酒不能流出，空气会缓慢和坛中的酒体发生作用，可能会在酒的陈化中起相当大的作用。

黄酒在贮存后，酒的重量稍有减少，酒精会慢慢挥发，但风味则随贮存年份的增加更显醇和，有越陈越香的特色，到目前为止，黄酒贮存的最佳容器还是首推陶坛，但其固有的缺点也相当明显，有容易破碎、搬运不方便（一般每坛毛重约40kg）、贮存堆放要用人工、效率低等缺点。

3. 喂饭酒

喂饭发酵法是将酿酒用的原料分几批投料，一般第一批先做酒母，在培养成熟后，陆续分批加入新原料，进行扩大培养，使发酵连续进行的一种酿酒方法。

喂饭法酿酒有着悠久的历史，早在东汉时期，曹操就酿出了闻名遐迩的“九酿酒”，是用“九投法”酿成的。所谓的“九投法”就是九次递加原料，达到酒质优美、风味醇厚的目的。《齐民要术》上记载的酿酒方法，有三投、五投、七投的方法。历史上记载的这些酿酒方法和现代酿造的喂饭法是一脉相承的，其原理相同，可见喂饭法酿酒早在东汉就已发明。它是我国古代劳动人民智慧结晶所创造发明的一种先进的发酵方法。

（1）工艺　用糯米做喂饭酒，工艺较简单，这里所介绍的是以粳米原料为主的工艺流程（图5－3）。

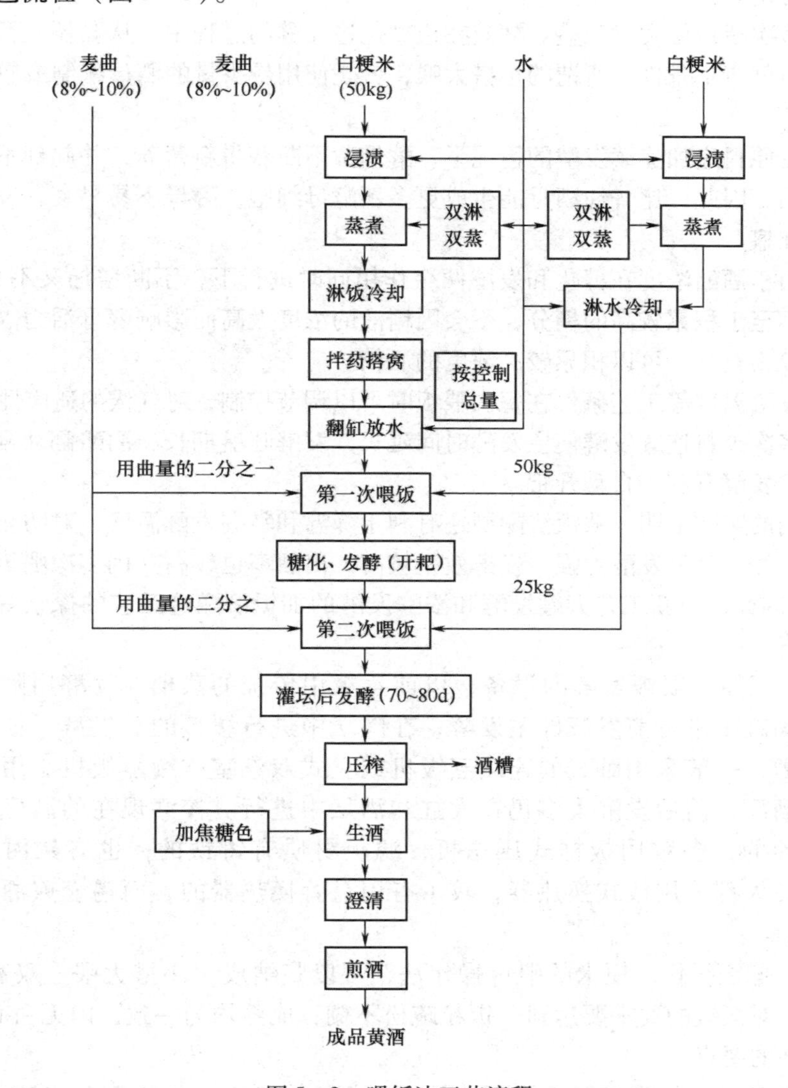

图5－3　喂饭法工艺流程

（2）原料配方　以缸为单位，其物料配比：淋饭酒母用白粳米50kg；第一次喂饭白粳米50kg；第二次喂饭白粳米25kg；黄酒药180～200g（做淋饭酒母用）；麦曲用量为总米质量的8%～10%，用量为10～12.5kg；加水量＝总控制量（淋水后的平均饭的质量＋用曲量）。

（3）工艺特点

①酒药用量少。酒药用量为淋饭酒母的0.35%～0.5%，为总醪量的0.14%～

0.2%，酒药内含有本来就极少的黄酒酵母，在淋饭酒母中得到扩大培养和驯养、复壮，迅速繁殖。

②多次喂饭使发酵旺盛。醪液在边糖化边发酵的过程中，从黏稠变稀薄，为多次投料创造了条件，所谓的小搭大喂，就是使用较少量的酒母酿制成较多量的黄酒。

③在原料递加连续发酵的情况下，酵母菌不断获得新营养，并起到不断扩大培养作用，因此，比普通酒母能生成更多新酵母细胞，酵母不易早衰，发酵能力始终很旺盛。

④由于酒醅浓度在糖化和发酵两个作用同时进行下，不断增加又不断转化，酒醅中不至于积累较高的糖分，不会因糖液的浓度太高而影响酵母活力。同时又因发酵较为充分，可以积累较高浓度的酒精。

⑤发酵温度等工艺条件在每次喂饭时可以调节控制，对气候的适应性较强。

⑥多次投料连续发酵使主发酵时间延长，发酵旺盛期长，酒醅翻动剧烈，新工艺大罐发酵有利于自动开耙。

长期的实践证明，喂饭法酿酒还有利于降温和掌握发酵温度，对防止酸败有一定的好处。酵母发酵力强，发酵效率较高，出酒率也较高（因多次喂饭，发酵彻底），因此，对新工艺大罐发酵和浓醪发酵的加饭酒酿造工艺的探索有一定的参考价值。

（4）设备　喂饭发酵的设备，以前蒸饭用传统的蒸桶，发酵用陶缸和陶坛，在陶缸中进行前发酵即主发酵，在陶坛中进行缓慢的后发酵，如果是机械化黄酒，一般采用卧式的连续蒸饭机或立式双汽室连续蒸饭机。用喂饭法生产的酒厂，前后发酵大多仍在大缸和酒坛中进行。榨酒现在的酒厂已很少有用木榨的，多数用板框式压滤机，滤板材质有铸铁的，也有聚丙烯材料的。煎酒大都采用板式换热器，较少有用盘管换热器的，而锡壶煎酒则已完全淘汰。

（5）酿酒操作　粳米的喂饭操作法，可以归纳成“小搭大喂，双蒸双淋”八个字，对蒸饭的要求要达到“饭粒疏松不糊，成熟均匀一致，内无白心生粒”这十八字的要点。

①浸渍：在室温20℃左右时，浸米时间20～24h；在室温5～15℃时浸渍24～26h；在室温5℃以下时，浸米时间应达到48h以上。米浸好后，水面高出米层10～15cm，必须先在容器里放好水，再放米，让米充分吸水，然后在蒸饭前数小时放掉米浆水，将米用清水冲淋干净后，再进入蒸饭机或蒸饭桶进行蒸饭操作。操作和淋饭酒母的操作是一样的，第二次喂饭操作的蒸饭也可以采用不经冲淋的带浆蒸饭，但米必须沥干，否则会出现蒸汽无法穿透饭层而出现生米的现象。

②蒸饭：“双淋双蒸”是粳米蒸饭质量的关键。用传统的木饭蒸桶蒸饭时，

先捞起米，盛入竹箩，用清水冲洗至无白水流出为止（如用浸米罐浸米则放掉米浆水后，将米扒入拉米车，米车底部是细孔状沥水的不锈钢网板），第一甑饭每甑装粳米50kg，待蒸汽全面透出饭面后，加盖闷2～3min，然后在饭面喷洒9～10kg的温水。套上第二只甑桶，等上面的桶透出蒸汽后，加盖3～4min，将下面的一甑饭抬出倒入打饭缸内，吸水膨胀。一般吸水量18～19kg，水温36～45℃（根据气候灵活调节），吸水后加缸盖焖饭，过10min翻拌一次，继续焖饭，再过10min再翻拌一次。第一甑饭的要求是"用手捻开饭粒内无白心，外观成玉色，饭粒完整，不破不烂"。如果吸水量过大，水温过高则饭易破裂，第二次蒸饭后会出现过于糊烂的现象，会影响发酵。第二次蒸饭称为二甑饭，从打饭缸中取出头甑饭装入饭甑中再蒸，每桶装粳米25kg（因饭吸水体积膨大分两甑），两只蒸桶上下套蒸可以增加压力、节约蒸汽，等到上面的一甑透出蒸汽后加盖半分钟，拉出下面的一甑饭淋水，将上面的一甑放到下面，如此重复换甑，称为"双蒸双淋"操作法。

③淋水：淋水温度和数量要根据气候和落缸品温要求灵活掌握，气温较低时，要接取淋饭流出的温水重复回淋到饭中，使饭的温度上下均匀一致，保证拌药时温度均匀一致。

④拌药、搭窝：蒸饭淋水后，要沥干饭中的水，尽量不要让饭中带多余的水落缸，一般每缸为粳米50kg，用手打碎饭团拌入酒药0.2～0.25kg，拌药品温控制在26～32℃，根据气候调节，搭成圆窝，窝底直径约20cm，饭面上再薄薄地撒上一层酒药，然后盖上草缸盖，做好保温工作。经18～22h后开始升温，经24～36h后，出现酒窝水（甜酒液），在成熟时酒窝水呈玉色，有正常的酒香，不能带有酸酸的异气，镜检酵母细胞数大约为1亿个/mL。要做好酒母首先必须抓好四关，即米饭熟而不烂；淋饭品温符合工艺要求；拌药均匀，饭要打散；做好拌药后的保温工作。

⑤翻（冲）缸放水：就是在淋饭酒母成熟时将所搭饭窝，捣碎、翻转、放水，一般在拌药45～52h后，酒窝水在6～8分放水，加曲量为米量的8%，加水总量按米量的330%控制，一般情况下经淋水后的出饭率为220%～230%，所以实际加水量为90%～105%，如果每缸米的总量是125kg，那么每缸放水量在117.5～125kg，一般每天按实际称重调节放水量。

⑥第一次喂饭：翻缸次日，第一次加曲，其数量为总量的一半，即4%，喂入50kg原料米的米饭，喂饭后一般品温为25～28℃，用手捏碎大的饭块即可。

⑦开耙：第一次喂饭后13～14h，开第一次耙，此时，缸底的温度为24～26℃，或低于24℃，而缸面温度为29～30℃，甚至高达32～34℃，所以要通过开耙操作上下搅拌，不但可以调节酒醅的上下品温，而且给酒醪中的酵母供氧，排出二氧化碳，增加酵母活力，避免醪液中糖度过高，因此开耙也是关键的技术环节之一。

⑧第二次喂饭：第一次喂饭后的次日，第二次加曲，其用量为余下的1/2，即4%，再喂入原料米25kg的米饭，喂饭前后的品温，一般在28～30℃，随气温和酒醪适当调整喂入米饭的温度，操作时尽量少搅拌，防止搅成糊状，阻碍酵母的活动和发酵力。

⑨灌坛、养醅（后发酵）：在两次喂饭以后的5～140h，酒醅从发酵缸入发酵坛，一般要求在灌醅前酒精度10%以上，后发酵养醅时间一般根据气温，秋天为25～30d，冬天60～70d，春天28～35d，堆放在露天，进行缓慢的后发酵，然后压榨、煎酒、灌坛。

⑩出酒率、质量、出糟率：出酒率为250%～260%，酒精含量为15%～16%，总酸为5.3～5.8g/L，糖分小于5g/L，出糟率为18%～20%。

我国江苏、浙江两省采用喂饭法生产黄酒的工厂较多，具体操作方法因原料品种及喂饭次数和数量的不同而有多种变化。如用糯米为原料时就不需要双蒸双淋。日本酿清酒都采用喂饭法。采用喂饭法操作还应注意下列几点：喂饭次数以2～3次为宜；各次喂饭之间的时间间隔为24h；酵母在酒醅中占绝对优势，使糖度不会过高，以协调糖化和发酵速度，使糖化和发酵均衡进行，防止因发酵迟缓而引起品温上升过于缓慢，导致糖度下降缓慢而引起升酸。

（二）米曲类黄酒

1. 红曲酒

红曲酒产于福建省和浙江省南部地区，因用红曲作糖化剂而得名，福建老酒是红曲酒中的优秀品种，现将酿造技术与方法介绍如下。

（1）原料配方　以缸为单位，每缸的容量为400kg左右，每个坛的容量为25kg左右，原料配方见表5－11。

表5－11　红曲酒原料配方

福建老酒	糯粮/kg	红曲量/kg	白曲量/kg	水量/kg
每缸	170	7.5	4	144～152
每坛	21.25	0.57	0.5	19～20

（2）工艺流程　红曲酒工艺流程如图5－4所示。

（3）酿造操作　红曲酒的生产是在每年的9～10月份，此时气温较高，酵母发酵旺盛，因此应适当增加用水量，一般每坛可多加1～2kg，这样可降低淀粉和糖分的浓度，有利于品温的控制，如果加水量过少，会造成升温过猛，前期糖分积聚过多，其结果导致酒醅酸度高，酒精含量低，因此，加水量应视原料和温度而定。

①浸米：糯米过筛后，倒入缸或罐内浸渍，先放水再放米，一般冬春浸8～10h，夏天浸5～6h为宜。

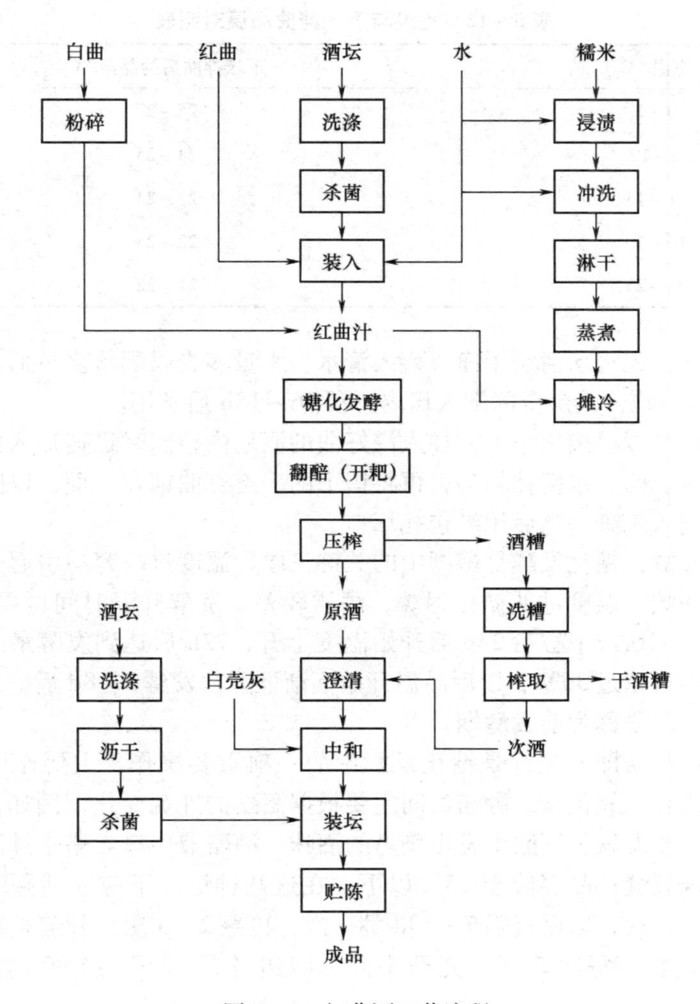

图5－4 红曲酒工艺流程

②捞米冲洗：浸好的米用清水冲至流出的水不浑浊为止，然后沥干水分。

③蒸煮：将沥干水分的米上甑，使米保持疏松均匀，蒸煮要求熟而不烂内无白心。

④摊冷、拌曲、下坛：蒸好的米饭放在竹簟上摊冷，饭冷却的温度以落缸温度要求为标准，现绝大多数厂采用风冷，摊冷后拌曲、下坛。

拌曲、下坛是酿酒操作中的主要环节之一，要使拌曲后的温度适合微生物糖化和发酵。品温过高，虽然对糖化有利，但升温过快，糖的积累过多，酵母不能及时利用，易产生酸败；品温过低，则糖化不彻底，淀粉利用率低。因此，下坛、半曲应根据气候季节、气温不同而随机应变。一般视室温情况掌握。表5－12为室温与下坛拌曲品温的参考值。

表5-12 室温与下坛拌曲品温对照表

室温/℃	下坛拌曲后的品温/℃
0~5	25~27
5~10	24~25
11~15	23~24
16~20	22~23
21~25	21~22

在下坛前应先将坛清洗干净，盛入清水，水量多少以配料多少而定，然后将4kg红曲取出一碗，其余全部倒入坛内，浸16~18h后备用。

将摊冷的米饭，按比率配方加入浸好曲的酒坛内，同时迅速加入白曲粉，用手或工具将饭、曲、水搅拌均匀，再将留下的一碗红曲铺在上面，以防止饭粒硬化而使杂菌侵入感染，然后用纸包扎坛口。

⑤糖化发酵：糖化发酵是酿酒中的关键工序，温度过高容易引起杂菌感染从而导致酒的酸败，温度过低糖化迟缓，酒质较差。发酵升温时间也要精确掌握，一般情况下，下坛或下缸后24h后开始温度上升，72h后达到发酵最旺盛，品温也最高，但不得超过36℃，以后品温开始逐渐下降，发酵7~8d后，品温接近室温，一般这一阶段称为前发酵期。

⑥翻醅：翻醅即开耙，是糖化发酵中的一项重要操作，主要作用是调节品温，供氧和排除二氧化碳，翻醅时间主要根据酒醅的外观变化，例如，醅的糟面皮很薄，用手摸发软；酒醅中发出刺鼻的酒味；酒醅液用口尝略带辣甜；酒醅中间有凹面呈现裂缝；品温降至15℃以下。在这几种情况下应立即翻醅。一般连续三天，每天一次，以后每隔7~10d翻一次，再翻2~3次，翻醅是用木耙深入坛底或缸底搅拌，每次5下，先开中间，四边各开一下，经90d左右即发酵成熟。

⑦压榨：将成熟的酒醅倒入大酒槽内，2~3h后，将抽酒篓放入槽内，1~2h后酒液流入酒篓，用挽斗将酒液舀出或用皮管将酒液吸出到取不出为止，将酒篓取出洗干净备用，余下的酒糟装入滤袋进行压榨，操作方法与麦曲干黄酒相同。

现在的酒厂大都采用压榨机进行压滤，大大提高了工作效率，减轻了劳动强度。

⑧洗糟：第一次压榨的酒糟尚有部分残留的酒液，所以酒糟经加水搅拌后再进行第二次压榨以取出残留液提高出酒率。但加水不宜多，一般每槽65~70kg，榨出的酒，倒入第一次榨出的清酒中。

⑨中和：发酵结束，一些酒醅的酸度达7.5~10.5g/L，要用白壳灰进行中和，加入白壳灰的数量为每缸酒（620~650kg）0.9kg，加灰的方法是先将白壳灰用第一次榨出的酒进行溶解，沉淀30~50min，后取其上清液加入酒中，充分搅拌均匀，经16~20h完全沉淀澄清，将酒液用泵打入容器中再杀菌。

⑩杀菌、陈酿：杀菌温度为86～88℃，时间为10min。

陈酿时间应根据酒的质量而定，时间过长焦苦味较重，影响酒的品质，一般陈酿时间为1年左右，存放的地点应通风干燥无阳光直晒。随着时间的推移，陈年的红曲酒会褪去鲜红色，留下的是琥珀色。原因是红曲色素很不稳定，容易褪色。尤其是见光，褪色的速度会更快。因此红曲酒要注意避光保存。

2. 乌衣红曲酒

乌衣红曲酒是浙江温州、金华、丽水以及福建等地产量最大的饮料酒，乌衣红曲外观呈黑褐色，内呈暗红色，它是把黑曲霉、红曲霉、酵母等发酵微生物混杂在米粒上制成的一种糖化发酵剂。由于乌衣红曲兼有黑曲霉和红曲霉的优点，具有糖化率强、耐酸、耐高温的特点，所以乌衣红曲黄酒的出酒率为其他黄酒所不及，因其制曲方法相当复杂，不易实现机械化操作的缺点，所以一直未被各地的酒厂所推广。现将乌衣黄酒的酿造过程简单介绍如下。

（1）工艺流程　乌衣红曲酒的工艺流程如图5－5所示。

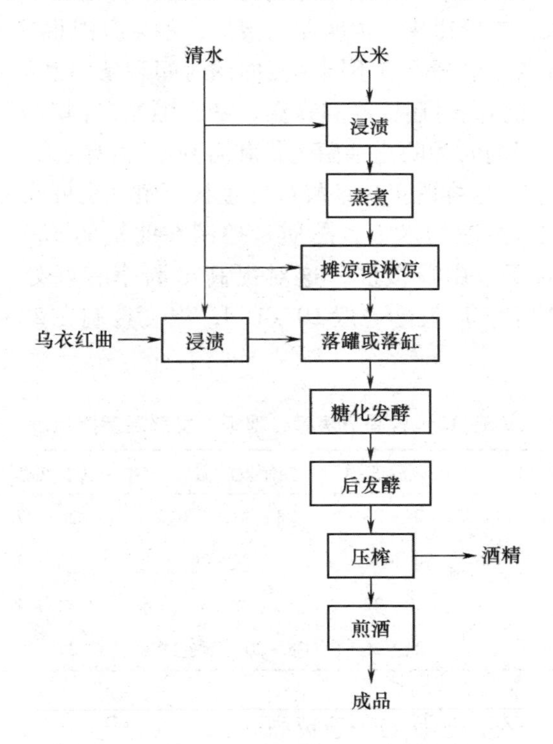

图5－5　乌衣红曲酒工艺流程

（2）酿酒操作

①浸米：浸米操作和前面的红曲酒相同，浸米时间一般为早籼米48h，粳米24～36h，但也要视其气温高低而灵活调节，浸米时水面超过米面10～15cm，浸

米过程中如果米面露出水面要及时加水。

②蒸煮：浸好的米先用清水淋至流出的水较清为止，一般现在的酒厂都采用蒸饭机进行蒸煮，但也有不少的厂用木桶蒸饭，蒸煮方法和传统的木桶蒸饭方法一样，早籼米蒸煮过程中要用60～80℃的温水进行喷淋让饭再吸水，喷淋后再继续蒸20～25min，即可出甑，一般出饭率可达到180%以上，如果是糯米不需要淋水，出饭率为150%左右。

③发酵：采用浸曲法培养酒母，一般用5倍于曲质量的水浸渍，其目的是将曲中间的淀粉酶浸出，使酵母预先繁殖。浸曲是很重要的一环，关系到酒的品质和出酒率，曲是否浸好的标准有以下五个方面：一看温度，外观不同的曲要采用不同的浸曲水温，一般调节在24～26℃；二看气泡，一般24h左右为大泡，到30h左右转为小泡，40h以上已经看不出气泡；三听声音，在24h最响，到40h以上声音已经微弱；四看化验，曲水酸度在0.75～1.4g/L，酵母数在0.5～0.9亿个/mL，出芽率在10%～15%；五看下池表现，下池后12h，升温到30℃左右，酒醅为苦涩味，略带甜味，说明曲已浸好，如果升温很慢或酒醅是甜淡味的说明浸曲过嫩或过老。根据季节不同，浸曲的时间和条件也不同，一般秋夏浸曲时间为30h左右，气温高时还要冷却降温，冬春酿酒浸曲时间为40～44h，调节水温在24～26℃。浸曲时为防止杂菌生长和有利于酵母生长繁殖，可加入适量乳酸调节pH在4左右，这样既可保证酵母的生长繁殖，也可改善酒的风味。

曲浸好后，加入摊凉的米饭，总质量控制在曲量的320%左右，为了控制发酵温度，不少的厂采用喂饭法，这对提高出酒率有好处，前发酵一般4～5d，品温不超过30℃，后发酵一般10～15d，温度控制在22～24℃，具体要求见表5-13。

表5-13 各季节落罐、喂饭、发酵温度控制表

季节	入罐温度/℃	喂饭温度/℃	控制发酵温度/℃	后发酵温度/℃	后发酵时间/d
秋	26～28	24～26	28～30，不超32	26～27	6～8
冬	24	20	28～30	22～23	12～15
春	24	20～22	28～30	22～23	8～10
夏	24～26	24～26	28～30，不超过32	24～26	6～8

压榨、煎酒、贮存的操作与一般黄酒同。

四、传统半干型黄酒的酿造

前面介绍了传统工艺干型黄酒的各种生产方法，传统工艺半干型黄酒以绍兴加饭酒为代表，其总糖的含量为15.1～40g/L，其工艺和干黄酒元红酒的酿造工艺基本相同，只不过配方中增加了米饭的比例，同时减少了水的比例，使发酵醪

液的浓度相对于元红酒有所提高。生产的时间上一般安排在气温较低的冬季，因醪液更浓，不易降温，如果温度过高会引起酒醪酸败。由于饭的比例较元红酒多，故发酵后剩余的糖分也较高，酒中的固形物较元红酒高，酒的口感较元红酒醇厚丰满绵长。绍兴加饭酒是绍兴酒的代表品种。下面以加饭酒为代表简单介绍。

1. 原料配方

半干黄酒的参考配方见表5－14。

表5－14　半干黄酒的参考配方

名称	用量/kg
糯米	144
麦曲	24
酒母	6～9
浆水	很少用，或不用
水	145（投料水，不含蒸饭浸米吸水膨胀部分）

一般糯米的出饭率摊饭法为150%左右，也即每缸饭水总质量为390～400kg。从中可以明显看出加饭酒的饭水比例比元红酒的饭水比例要高，当然元红酒的出酒率也比加饭酒要高一些。

半干型黄酒加饭酒的工艺流程如图5－6所示。

2. 酿酒操作

酿酒操作基本与元红酒相同，以下做简要介绍。

（1）落缸　根据气温将落缸温度控制在26～28℃，并做好酒缸的保温工作，以防止升温过快或降温过快。

（2）糖化发酵　物料落缸后，由于麦曲的糖化作用，酵母便有足够的营养开始繁殖，此时温度上升缓慢，应注意保温。一般缸口盖草缸盖，缸壁围草缸衣（草帘子等），然后缸盖上方可盖上尼龙膜保温，并关好门窗。由于绍兴酒的物料浓度较高，水分较少，一般经6～8h后，要用木制划脚进行撬动以调节品温、均匀物料、给予一定的氧气，以加快升温。经12～16h后，品温上升至35℃左右进入主发酵阶段，便可进行开耙，一般头耙温度为35～37℃，因缸中心的温度和缸边沿的温度相差较大，开耙后缸中的温度会下降5～10℃，这时仍须保温。

头耙后大约4h开二耙，二耙品温一般不超过33.5℃，可视品温慢慢去掉保温物，以后根据缸面酒醅的厚薄、品温的情况及时开三耙、四耙，通常情况下四耙以后品温逐渐下降，主发酵基本完成，为提高酵母活力，每天用木耙搅拌3～4次，称为开冷耙。5～7d后灌入陶坛进行后发酵，后发酵灌坛前要加入陈年糟烧，增加香味，同时控制发酵程度，保留一定的糖分，提高酒精度，保证后发酵

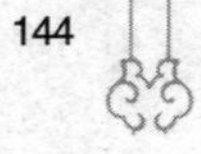

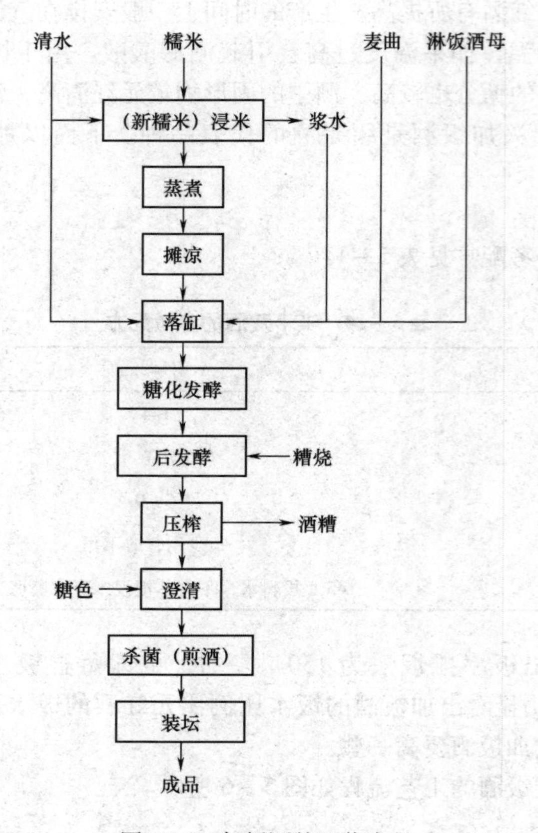

图 5－6 加饭酒的工艺流程

长达 80～100d 养醅正常。为保证后发酵养醅均匀一致，堆在室外的半成品应注意适当控制向阳和背阴堆放处理。

在糖化发酵开耙这一重要的酿造过程中，应注意以下几点。

①严格控制品温变化，及时开耙，及时去除保温物。

②注意酒精度的变化，根据开耙时的感觉，前四耙有明显的酒精度变化，四耙结束时酒精度达到 10% 以上，前发酵结束时的酒精度应达到 13% 以上，后发酵结束达到 19%。

③密切注意酸度的变化。酸度适当是衡量酒品质优劣、发酵正常与否的重要指标，头耙时总酸在 3.0～4.5g/L，前发酵结束时酸度在 6.0g/L 左右，后发酵结束时酸度必须在 7.5g/L 以内，否则影响风味。

④酒醅中的糖分变化是进行发酵控制、调节品温的一个重要依据，头耙时含糖量在 80～100g/L，从发酵四耙后降至 40g/L 左右，前发酵结束灌坛前保持在 30g/L 左右，以后糖分消耗与增加大致保持平衡，至后发酵结束一般在 10～30g/L。

⑤注意酒醅中酵母数的增减情况，一般从发酵四耙结束为依据，酵母细胞数在5～10亿/mL，太少证明主发酵不正常，以后基本保持在这一范围之内，直至发酵结束。由于绍兴黄酒酒药中的酵母活力较强，虽是后发酵长时间静置养醅，酵母的死亡率也低于10%。

其他操作与干黄酒同。

五、传统半甜黄酒的酿造

半甜型黄酒在酿造时，以陈年干黄酒代水下缸，使酒醪开始糖化发酵时，就存在较高的酒精，从而抑制酵母菌的生长繁殖速度，减缓发酵，使酒醪发酵不彻底而使部分糖分在发酵结束时仍残留在酒液中。

半甜型黄酒的含糖量在40.1～100g/L，酒香浓郁，酒精度适中，酒味甘甜醇厚，由于以酒代水下缸，故成本较高，被视为高档黄酒。此酒在贮存过程中由于糖分较高，酒中的糖分和氨基酸会发生糖氮反应（美拉德反应），使类黑精物质增加，引起酒色褐变，故不适于久贮，绍兴善酿酒是半甜酒的代表。下面介绍生产方法。

1．原料配方

配料为每缸糯米144kg，麦曲25kg，淋饭酒母15kg，浆水50kg，陈年元红酒100kg。

2．酿造操作

善酿酒一般安排在冬至前后的节气生产，浸米蒸饭、落缸操作和元红酒基本相同，落缸温度要求比元红和加饭要高一些，为27～29℃，在开耙上也有一些区别，由于落缸时已有6%左右的酒精成分存在，酵母不易很快繁殖，发酵受到阻碍，所以落缸温度要高2～3℃，并注意加强保温。

一般经过40～48h后，温度缓慢上升，一般32℃以上可开头耙，开耙后可降温到30℃以下，此时酒精度已达10%左右，糖分维持在70g/L左右，酸度在6g/L以下（琥珀酸计，下同）。

再过10h左右，品温又会上升，开二耙、三耙、四耙，待主发酵的旺盛之势基本过去，醪液温度可降至20℃左右，酒精度升至13%～14%，糖分维持在70g/L左右，经过4d左右的主发酵后，可把酒醪分散至酒坛中进行长达3个月左右的缓慢发酵，直至酒液成熟。

在长时间的后发酵中糖分始终积累在70g/L左右，酒精成分增加缓慢，压榨时醪液黏厚，压滤速度较慢。煎酒、澄清等和元红酒一样。

善酿酒的操作上一定要注意发酵温度不能上升太多，冷作酒要控制发酵，让糖化进行，从而让糖分有更多的残留。

六、甜型黄酒的酿造

传统工艺甜黄酒的生产一般采用淋饭法酿制，即在饭中拌入糖化发酵剂，当糖化发酵达到一定程度时，加入酒精度40%～50%的米白酒或糟烧，抑制酵母的发酵，以保持酒醪中较高的糖分含量。由于该类酒生产时，糖度酒精度都很高，不怕杂菌污染，故一般安排于夏季生产，虽不受季节限制，但夏季气温较高反而有利于糖化，生产的甜酒质量要优于冬季。

甜型黄酒的糖分大于100g/L，最高可达400g/L以上，甜美可口，营养丰富。福建龙岩沉缸酒、江西九江陈年封缸酒、绍兴香雪酒、江苏丹阳封缸酒等均属于其中的佼佼者，以绍兴香雪酒与丹阳封缸酒的酿造技术与操作方法为例介绍如下。

1. 绍兴香雪酒

（1）原料配方　香雪酒每缸用糯米100kg，麦曲10kg，50%糟烧100kg，酒药0.2～0.25kg。

（2）工艺流程　如图5－7所示。

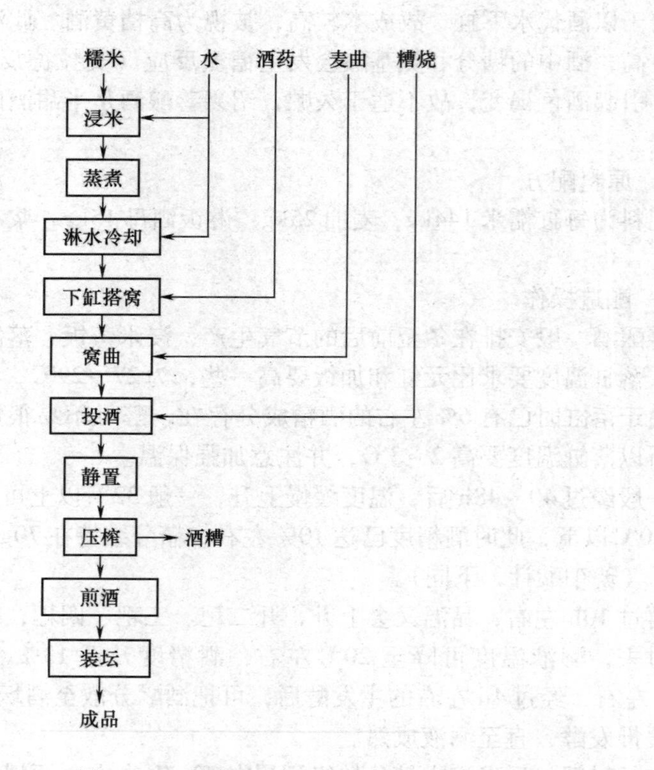

图5－7　香雪酒生产工艺流程

（3）酿造操作　香雪酒采用淋饭法制成酒酿，再加麦曲继续糖化，然后加入糟烧，进行3～5个月的养醅，经压榨煎酒而成。下缸搭窝以前的操作与淋饭酒母的方法相同。

①蒸饭：蒸饭要求熟而不糊，饭蒸熟了，吸水多，淀粉糊化彻底，这有利于把更多的淀粉转化成糖分，但是饭不能蒸得太烂，否则淋水困难，搭窝不松，影

响根霉等糖化菌的作用，不利于糖化。

②窝曲：窝曲的作用一方面是补充酶的量，有利于淀粉的液化和糖化；另一方面是赋予麦曲特有的色、香、味。窝曲过程中，酒醅中的酵母大量繁殖并继续进行酒精发酵，消耗糖分，所以，窝曲后糖化作用达到一定程度时，便要加入糟烧以提高酒精含量，抑制酵母的发酵。窝曲糖化作用适当与否，也就是糟烧加入时间的控制较为关键，对香雪酒的产量和质量影响较大，一般视酒窝满至 8 ~ 9 分，窝中糖液味鲜甜时投入麦曲，并充分拌匀，继续保温糖化，经 12 ~ 14h，酒醅固体部分向上浮起，形成醪盖，其下面积聚有 15 ~ 25cm 深的醪液时，即可投入糟烧，充分搅拌均匀，仍加盖静置。糟烧加入太早或太晚都不好，加入太早，虽然糖分高一些，但麦曲中酶的分解作用没有充分发挥，酒醅黏厚，造成压榨困难，出酒率低，影响风味；相反如果加入太迟，则因酵母酒精发酵过分，消耗过多的糖分，造成糖分过低，酒的鲜味较差，同样影响酒质。

③酒醅的堆放和榨煎：加糟烧后的酒醅，经一天的静置，即可灌坛养醅。灌坛时，要用耙将缸中的酒醅充分搅匀，使灌坛的固液均匀，灌坛后，坛口包扎好，3 ~ 4 坛为一列堆于室内或室外，最上层的坛封上湿的泥，以减少酒精的挥发，如用缸封存，加入糟烧后 2 ~ 3d 搅拌一次，搅拌 2 ~ 3 次后，便可用洁净的空缸覆盖在上面，缸口接缝处用荷叶泥等封住。

香雪酒的堆放养醅时间长达 3 ~ 5 个月，期间酒精含量会稍有下降，主要由于挥发所致，而酸度及糖分仍会逐渐升高，这说明加糟烧后，糖化酶的作用虽然有所钝化但并未完全被破坏，糖化作用仍在缓慢进行。经长时间的堆放养醅，各项指标达到规定标准，便可进行压榨。香雪酒由于酒精和糖分都比较高，如若留作企业产品的勾兑用，无杀菌的必要。另外，若是用于商品出售，必须杀菌，以保证酒体中不具有活性的病原菌存在。经煎酒后，胶体物质被凝固，能使酒体清澈透明。

2. 封缸酒

对于甜黄酒来说，品质最好的是福建龙岩的沉缸酒，但因为沉缸酒的含糖量在 20% 以上，故已不被现代消费者所看重，为此这里介绍尚处于正常生产的江苏丹阳封缸酒为例，简要介绍。

封缸酒采用上等精白糯米为原料，经纯种根酶曲糖化，加入酒糟蒸馏的白酒，封存于缸中发酵而成。因封存于缸中的时间长达四五年之久，故名陈年封缸酒。该酒是甜型黄酒之优品，呈琥珀色，醇香浓郁，味鲜甜醇厚，独具一格。

（1）原料及曲的质量要求

①原料：封缸酒采用优质糯米为原料，要求米粒大而整齐，不含糠、皮和粳杂米等。

②小曲：小曲为米曲，是酒药的一种，只不过小曲的糖化能力更强。小曲外形为白色小方块，剖面菌丝茂盛，无黑色或黄色斑点，有微香，无酸臭、霉杂等

气味。

（2）原料配方　糯米50kg，小曲0.375kg，酒精含量为50%的白酒45kg。

（3）工艺流程　封缸酒生产工艺流程如图5－8所示。

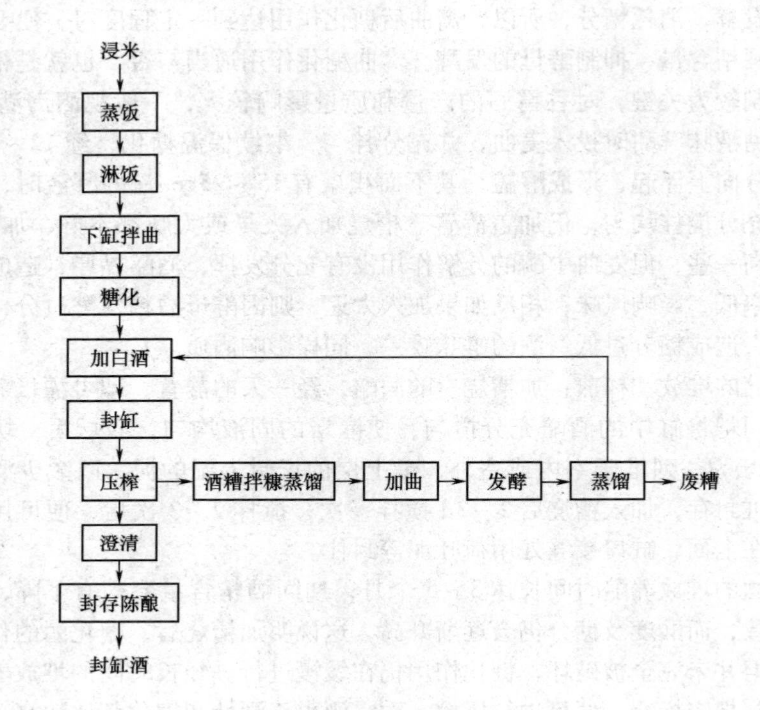

图5－8　封缸酒工艺流程

（4）酿造操作

①浸米：原料送到事先清洗并加入清水的浸米缸中，要求水高出米面5～10cm，浸米时间视气候而定，一般情况下春天浸米8h，夏天浸米3～4h，秋天浸5～6h，冬天浸10h左右。

②蒸饭：浸好的米，用水淋干净后送入蒸饭机蒸饭，饭的要求是熟而不烂，散而不硬，内无白心。

③淋饭、拌曲：蒸饭有两种，一种是用传统的木桶，另一种为机械的连续蒸饭机。目前大多采用后一种方式蒸饭。蒸熟的饭由蒸饭机底部连续进入冷饭机，打开淋饭水阀门，用冷水淋饭降温，一般冬春季淋至品温比水温略高一点；夏秋季尽量淋至与水温相同。

酒曲经粉碎后装入曲槽中，待淋好的饭经过时，将曲按比例均匀地撒在饭上，经扒匀后，按需要的量装入桶中送至发酵工段。

④下缸、糖化：拌好曲的饭应均匀地分到各个缸中，落缸时要注意轻放轻扒，以免饭粒破碎影响发酵的正常进行。饭落缸后再进行一次拌匀，然后在中间

扒一窝放入插箩。糖化发酵 24～40h 后（视其糖化情况而定），加入酒精含量为 50% 的白酒 45kg，盖好缸盖，第三天翻一次醅，7d 左右封缸贮存。

⑤封缸后发酵：封缸时把木制缸盖盖好，用牛皮纸将缸口与缸盖密封，带糟养醅 6 个月左右，即可压榨。

⑥压榨、陈酿：经封缸发酵数月的酒醅，打入压榨机，榨出的酒经澄清后，抽入缸内继续封存 3～5 年，即成陈年封缸酒。

黄酒的酿造技术以干黄酒为基础，其他黄酒生产工艺都是在此基础上通过适当的调整与变化而成为另一酒型的工艺，要熟悉与掌握黄酒的酿酒技术，必须十分熟悉干黄酒的酿造技术与操作方法。

第二节 黄酒的机械化酿造

机械化酿酒又称新工艺酿酒，是在传统工艺的基础上进行改进，提高机械化水平，减轻劳动强度，提高劳动生产率。新工艺酿酒是在市场中逐渐发展和成熟起来的，现在的传统工艺也有许多采用机械代替原始的设备，但新工艺最显要的标志是大罐发酵代替大缸或坛发酵，而且一般新工艺发酵的菌种是纯菌种扩大培养的，传统工艺大多采用多菌种的酒药培养淋饭酒母，但现在也有用纯酵母的厂家。

新工艺黄酒，20 世纪 70 年代就有厂家生产，主要有无锡酿酒总厂、苏州东吴酒厂、上海金枫酒厂、杭州酒厂、温岭泽国酒厂等企业采用全机械化与半机械化进行黄酒酿造。但直到 1985 年，全国第一家率先使用微电脑控制发酵的万吨机械化黄酒车间在绍兴酿酒总公司投产，才使绍兴黄酒全部实现机械化、自动化、电子化生产，从而使绍兴酒生产打破全年生产一季的局限，做到四季可以生产，成为黄酒行业几千年来的重大变革。20 世纪 90 年代以来，绍兴黄酒集团又先后投资了两个年产两万吨的机械化黄酒车间，单体发酵罐前发酵罐的容积从 $30m^3$ 扩大到 $65m^3$，后发酵从 $65m^3$ 扩大到 $125m^3$，使用 10t/h 的板式换热器，替代原先 5t/h 的，大大提高了设备的效率。

一、新工艺黄酒的生产特点

（1）采用大型发酵罐、大型中间贮罐、大型清酒罐、澄清罐等大容器，改变传统的陶缸中浸米及发酵、陶坛中后发酵的落后容器设备。

（2）优良的糖化、发酵剂　部分或全部选用纯种培养菌种，包括糖化菌和酵母菌，保证了菌种的质量，提高了淀粉的利用率。

（3）机械化生产　从浸米、蒸饭、发酵到压榨、杀菌、煎酒的整个生产过程全部实行机械化作业，利用无菌压缩空气进行发酵搅拌代替人工开耙，使搅拌更均匀，并采用压缩空气进行发酵醪液的压力输送，替代传统的肩挑手提。

（4）品温控制　目前新工艺黄酒已全部采用制冷技术调节发酵品温，打破了千百年来一直受季节限制、黄酒只能冬季生产的规律，实现常年生产。

（5）采用立体布局　整个车间布局紧凑合理，利用位差使物料自流或泵送，节约劳动力，提高劳动生产效率，厂房由于是立体布局，建筑占地面积小，极大地提高了土地的利用率。

二、黄酒机械化生产技术

1. 工艺流程

黄酒机械化生产工艺流程如图 5－9 所示。

2. 半干加饭酒参考配方（$30m^3$前发酵罐）

糯米 10000kg，生麦曲 1000kg，纯种麦曲 250～400kg，水 9750kg，酒母 600～800kg，酒精含量为 50% 的糟烧 250kg。

3. 操作要求

（1）筛米　机械化黄酒生产中，对大米一般均采用多层振动筛进行筛选，筛去小碎米、糠尘及草梗、草叶屑等杂质，提高大米的精白程度。然后通过气力输送或真空输送至浸米罐。

（2）浸米　浸米前放上温水半罐，根据气温的不同一般采用 20～25℃的温水进行浸米，浸米时间为 2～4d，浸米后测定米浆水的酸度一般要超过 0.9g/L，浸米间保温 20～25℃，这样能给乳酸菌以较为适宜的条件，以加快酸浆的生成。使传统工艺要浸 15～20d 的浸米时间，缩短为 2～4d。浸米水应没过米面 10cm 左右，一罐米浸完后及浸后第二天要用压缩空气将米进行疏松，使整罐大米能吸水均匀。浸米时间的长短主要决定于米质、水温、室温。浸米时，应先放好水调好水温，然后开始浸米，千万不能边调水温边浸米，以免米粒被蒸汽煮熟。在生产中原料米的米质特别软、易碎的情况下，如果浸米时间 4d 还是感觉太长，那么可以在浸米时接入老浆水，达到同样的酸度要求时浸米时间可大大缩短，但前提是米浆水不能发臭。

（3）蒸饭　蒸饭前需提前放掉浸米水，一般应提前 3～6h，将米浆水沥干，以提高蒸饭质量。如果米的质量不是很好，或大米的含水量在浸米前太高，则米浆水要提前更长的时间，以保证能将浆水沥干。沥干浆水的大米经输送带送入蒸饭机的落米口，进入连续式蒸饭机进行蒸饭，蒸饭速度要根据米质与浸米质量的不同适当进行调控，要注意钢带行程速度与蒸汽压力，蒸饭时间最好保持在 20min 以上，以保证大米饭有一定的饭香。蒸饭过程中每个汽室的压力，最好不要超过 0.3MPa，否则易致钢带处的米饭过早糊化，影响蒸饭的质量。

另外在粳米或籼米的蒸饭过程中，由于此两种大米的吸水率较大，故应在蒸饭过程中喷热水，帮助米粒充分吸水，从而提高蒸煮质量。喷水应为 80℃以上的热水，保证在喷水时饭粒不会因冷却而收缩，从而影响蒸饭的质量。喷水装置

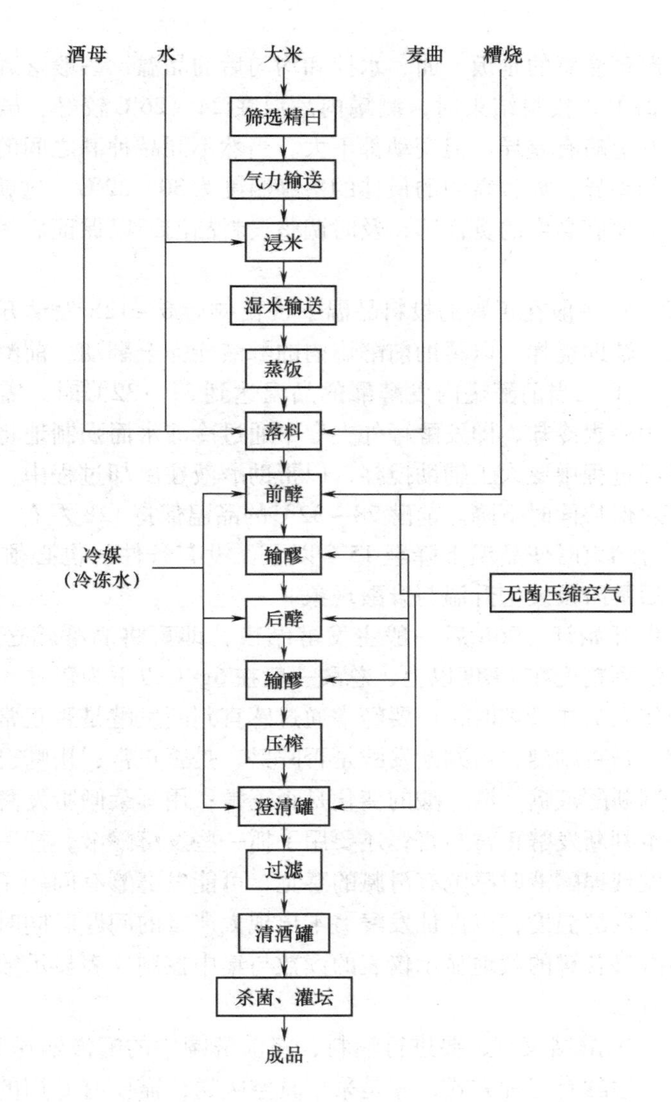

图5-9　黄酒机械化生产工艺流程

一般安装在蒸饭机蒸饭段二分之一处或稍偏后，以保证喷水后能有足够的时间再蒸透。

（4）饭冷却　蒸饭机冷却装置有两种：一种是通过鼓风机进行风冷，是摊饭操作法的机械化表现；另一种是通过水淋冷却，是淋饭操作法的机械化表现。一般同一台蒸饭机中均设置有此两种冷却方法，可根据不同的生产工艺选用。

（5）落罐　饭经蒸煮冷却后，即可进行拌料并落罐。落罐时要按配方要求添加麦曲与水，麦曲要称量后再输送至投料口，水要有定量装置，并根据蒸饭的进度，及时调整麦曲与水的输送进度，以基本保证蒸饭结束时，曲与水也大致输送完毕。

落罐时要严密注意的是饭、曲、水拌和均匀后的品温，一般落罐时的投料品温控制在25～27℃，投料结束时，测罐内品温在24～26℃较好。虽然各企业都在落罐温度控制上略有差异，但变动都不大。当然不同品种酒之间的生产中，落罐温度有较大的差异，如香雪酒的最佳的落罐温度为30～32℃。这就要求管理蒸饭机的操作人员要有高度的责任感，及时调整投料品温，以保证后一工序发酵的正常。

（6）前发酵　一般在正常的投料品温下，投料后8～12h发酵开始进入旺盛期。要进行人工辅助搅拌，以帮助前酵罐内的醪液能完全翻动。前酵最高发酵温度一般不超过33℃。当前酵罐内发酵醪的品温达到31～32℃时，需要进行人工冷却，大多采用冷媒冷却，即发酵罐外夹套中通过冷冻水而强制地将发酵醪液温度下降。在降温过程中要人工辅助搅拌，以帮助醪液在冷却过程中，罐壁处与中心处的温度相对保持同时下降。前酵28～32℃的品温保持12h左右，便可开始缓慢降温，到前酵结束时使品温下降至15℃以下，没有条件的也必须下降至20℃以下，以免在后酵阶段发生升温与升酸现象。

从投料结束开始计，96h后一般主发酵结束，即可将酒醪输送到后发酵罐中，此时酒醪的酒精度在14度以上，总酸一般在6g/L以下为正常。

前发酵操作人员在管理时，还要经常通过感官判断发酵是否正常。且眼睛观察发酵罐内翻动是否剧烈，可判断发酵是否旺盛，是否正常；用嘴巴经常品尝发酵醪的味道，判断醪液糖、酒、酸的变化是否正常；用耳朵倾听发酵醪在翻动时的声音，可基本判断发酵正常与否；还要用手抓一些发酵醪液，捏一把，感觉是否松爽，如果发现捏醪液时感觉有滑腻的感觉，可能发酵醪有问题了，要注意其变化，及时调整发酵温度，以保证发酵醪不出现太严重的问题。同时管理人员要密切注意，前酵罐各罐的就地显示仪表的读数与集中控制仪表显示数据之间的差异，做到心中有数。

（7）输醪　前酵结束时，要进行输料，将前酵罐中的醪液输送到后酵罐中，继续养坯成熟。输醪有三种方式，一是采用真空吸送，需要有专用的真空泵；二是采用压力输送，用压缩空气将醪液压送至后酵罐；三是采用浓料泵抽送，将醪液直接泵入后酵罐。目前黄酒酿造企业大多采用后两种方式。但若采用压力输送，一定要注意对罐内压力的控制，防止出现危及安全的事故发生。前酵醪液送至后酵罐一般在中间设有过滤篮，过滤未被发酵的大饭块，及时清理，防止堵塞。

（8）后发酵　醪液输送至后酵罐后，要控制醪液的品温，发现明显的品温上升，则应及时采取必要的措施，保证后酵温度在要求的范围之内。后酵罐中的醪液在前几天每天可进行一次压缩空气搅拌，通入一点空气，保持酵母的活力，但到压榨前10～14d应静置养坯，保证醪液中残糖更多地代谢为酒精。后酵结束

进行压榨前，需对整罐醪液进行充分的搅拌，以便顺利地进入压榨机。如果用压缩空气压力输送醪液，一定要十分注意安全。

（9）压榨　黄酒机械化生产车间中的压榨机，一般进料时要有一定的压力，大多采用中间贮罐的方式。即将后酵罐中的醪液先行输送至压榨间的贮罐中，这样可以方便压榨机操作工来回作业。黄酒压榨，现在大多用板框压滤机，将酒液和酒糟分离开来。要注意的是要熟悉压榨机的操作要求，先期进料要缓，待有足够的酒液被滤出后，可增加进料的压力，当进料压力超过0.5MPa时，要暂停进料，开启压缩空气，强制压出酒液。压榨一定时间后，还可以再进料，再压，如此重复两至三次后，不再进料，进入压榨阶段，直至压榨工作完成。

压榨机卸料后，要注意“整榨”。就是要将压榨机各进料孔、进气孔、流酒孔、橡皮板、滤布等认真地进行检查与清理，防止进料不畅、喷料、糟板干湿不匀。

（10）勾兑、澄清、过滤　榨出的酒要进行勾兑，用香雪酒勾兑糖分，用老酒汗勾兑酒精，用老的石灰乳中和酸度，加焦糖色对黄酒进行着色，同时将各批次的酒混合均匀杀菌可稳定成品酒的口感，全部勾兑好的酒要澄清放置2d以上，进行过滤。现在一般用硅藻土过滤机进行过滤，以前也有用棉饼过滤机的，现在已淘汰，过滤出来的酒即可进行杀菌、灌坛或进成品贮罐。

三、酿造过程中新老工艺的区别

黄酒酿造过程中，新工艺机械化生产与传统工艺生产相比，其根本区别有三：一是机械化生产代替手工生产；二是纯种酵母与霉菌代替酒药与部分麦曲；三是立体布局，提高土地利用率。具体体现在以下几个方面：

1. 原料米的精白与输送

为了提高米的精白度，减少米中影响酒品质的脂肪、蛋白质、灰分等物质，新工艺采用振动筛过筛除糠、除杂，达到米精白的目的和要求。新工艺的浸米罐一般都在车间的最高层，用真空泵将米从底层输送到顶层。但也有浸米罐在车间底层的设计，例如，古越龙山的一条线就将浸米罐设置在底层，可以减少建筑物上层的负荷，减少建筑造价，将浸好的米用湿米输送装置输送到上层蒸饭机，整个布局也很紧凑合理。

传统工艺对米的精白往往不够重视。

2. 浸米

传统工艺黄酒酿造由于浸米是露天环境，故浸米时间长达16d以上，其目的除了让米充分吸水便于蒸煮外，还要使乳酸菌发酵产生促进酵母繁殖的物质，酸浆的产生，主要利用米中少部分的淀粉溶解于水中，经淀粉酶作用产生少量的糖分，经乳酸菌发酵产生。同时发酵用的米中本身带有的微生物所含的蛋白质分解酶，也在水溶液中不断作用，把浆水中的蛋白质分解成氨基酸，浆水对黄酒发酵的作用主要是通过调节饭的酸度来调节发酵醪的酸度，给酵母繁殖提供合适的酸度环境，以促进酒精的迅速增长。浆水中富含氨基酸、蛋白质等各种微量物质是形成黄酒独特风味的一个重要因素。但这种浸米方式需要大量的浸米场地和容器，同时由于长时间浸米，淀粉的损失也较大，达4%～5%，这显然会提高酒的成本。

新工艺既要保持传统工艺的优势，又要尽可能减少淀粉的损失，新工艺采用室内浸米，蒸汽加热水温和室温，这样可以达到乳酸菌发酵的目的，克服了淀粉损失较多的弱点，缩短了浸米时间，可以减少场地和浸米容器，提高场地利用效率。

3. 蒸饭冷却与落罐

蒸饭的要求与传统工艺一样，要求米饭颗粒分明，外硬内软、内无白心、疏松不糊、熟而不烂、均匀一致为宜，蒸饭设备一般均采用卧式蒸饭机，因卧式蒸饭机有喷水、翻拌的装置，对各种原料的适应性较好，饭的质量容易控制。在实际生产中需要根据不同的原料来灵活调节。浸好的米疏松进入蒸饭机的入口，开启8个蒸汽阀门中的4～6个，调节蒸汽进入的多少，要根据出来的饭的质量来调节。一般米质软的情况要适当减少进气量，反之增加。

传统工艺蒸饭主要用木桶，蒸汽消耗大，劳动强度大。落缸时也多用人工，用工量大，操作强度大。现在有一些传统工艺生产企业，也采用蒸饭机进行蒸饭，以减轻工人的劳动强度，提高工作效率。

4. 纯种麦曲和酒母

新工艺黄酒采用传统块曲和纯种麦曲混合使用作为糖化剂，也有用麸皮曲和糖化酶的。它比自然的麦曲糖化率高，用曲量也可大大减少，糖化力也较高，但一般的名酒企业很少有用糖化酶的，因为传统的块曲和纯种的麦曲不但在酿酒过程中起糖化剂的作用，而且在制曲过程中由于麦曲中积累了较多的微生物的代谢产物，也给黄酒以独特的风味，因此麦曲被比喻为“酒中骨”。酒母传统工艺采用淋饭酒母自然培养的方法，俗称“酒娘”，新工艺用纯种的酵母培养作为发酵剂，保证发酵旺盛，且抵御杂菌的能力较传统的酒母强。因制作方法的不同分为高温糖化酒母和速酿酒母两种。实际生产中大多采用速酿酒母，又称速酿双边发酵酒母。

传统工艺所用的麦曲基本上都是生麦曲，经人工自然培养而成。其糖化、液化速度不能适应大罐发酵。淋饭酒母由于只连续生产一批（一般少于10天），而要应用一个生产季节，也适应不了需要有旺盛发酵现象的大容器。但传统工艺的麦曲与酒母，由于是自然培养，内含丰富的微生物种群，所酿的酒口感比较复杂、丰满。

5. 前发酵及开耙

前发酵开耙问题是新工艺生产的关键所在，将直接影响黄酒质量。机械化黄酒采用大罐深层发酵，以无菌压缩空气翻动酒醪来代替传统手工开耙，一般落罐后8～12h可开头耙，此时温度在28～32℃，以后每隔2～4h开耙一次，同时做

好耙前耙后的温度记录，最高品温控制一般不超过33℃，用冷媒来控制酒醪的温度，往往容易掌握。

传统工艺由于发酵缸容量小，操作时控制较为灵活，当某一缸出现问题时，可及时隔离，防止感染另外的缸。而发酵大罐如果出现问题，则损失巨大，因此，机械化生产中的发酵控制应更加严格和重视。

6. 后发酵的控制

前发酵结束后，即进入后发酵阶段，应保持低温在10~15℃，后发酵时间一般在20~30d，根据酒品种的不同和发酵醪成熟度的情况会有一定的差异，后发酵结束一般酒精度达到16%以上，总酸控制在6.0g/L以下，感官上如果酒醪上层清澈，酒醅沉淀即可初步判断酒醅成熟，结合理化指标和养醅时间即可将成熟的酒醅上榨。

传统工艺一般采用分坛灌装，分坛后熟，成熟时再从坛中倒出进行压榨，每一个坛前后要洗两次，不但破损大，且酒耗也大。但传统工艺后熟时间长，酒体往往较醇厚芳香。有的传统工艺生产企业，也将后酵改为大罐或大池，以缩短后酵时间，提高场地利用率。

压榨以后传统工艺与新工艺基本没有太大的差别了，这主要是传统工艺借鉴了新工艺的技术与设备，也在提高劳动生产率、降低劳动强度上进行了改进。机械化新工艺在成品贮存上在积极地向大罐贮存方向发展，目前最大的成品贮罐已有300多立方米。为节约黄酒的成品贮存仓库面积起到了极大的作用。

四、新工艺的主要设备

黄酒新工艺是以传统工艺为基础，进行了设备改进，并大量使用了机械与控制程序，黄酒新工艺其实称作机械化黄酒工艺更为确切，下面简要介绍主要的设备。

（一）原料处理设备

1. 振动筛

振动筛是一种平面筛，用一种冲孔的金属网作筛板，筛孔形状有圆的、长方形的等，其主要作用是将米中的小颗粒和杂质筛选出来，以保证原料米的质量。

2. 锤式粉碎机

广泛应用于中等硬度的物料粉碎，如曲块、酒糟等，在机体内有锯齿型的打板，在电机的高速驱动下，将送入的物料打碎，常用的锤刀有矩形、斧型、带角矩型等。锤式粉碎机的优点是结构简单、能粉碎不同性质的物料，生产能力高、粉碎度高，运转可靠，其缺点是磨损较大。但由于其噪声大，粉尘易外逸，目前已逐渐被淘汰。

3. 辊式粉碎机

广泛应用于颗粒状物料的粉碎，以相对方向转动的两只圆柱形辊筒组成，两只辊筒中一只是固定的，一般带电机，一只是活动的，可以调节辊筒之间的距离。辊筒表面有拉丝和光滑两种。

（二）原料输送设备

1. 气流输送设备

该设备主要用在浸米工序，一般由进料装置、物料分离装置、空气除尘装置组成。

2. 带式输送机

该设备主要用于块状和颗粒状的物料，如大米、谷物等。

3. 斗式提升机

斗式提升机是一种垂直提升装置，主要用于小麦、米等较小颗粒物的垂直提升，它由料斗、料斗带、转鼓等组成。

4. 螺旋输送机

该设备主要用于麦曲生产时小麦输送，蒸饭时曲料的输送等。一般为水平方向输送，也可倾斜输送，但一般角度应小于20度。螺旋输送机的优点是构造简单，密封好，操作安全、方便；缺点是输送物料时由于物料与机壳之间和螺旋间都存在摩擦力，因此单位动力的损耗较大，物料易损伤，螺旋叶和物料槽也容易磨损，输送距离短。

（三）酿造设备

黄酒酿造生产工艺一般要经过浸米、蒸饭、发酵、榨、煎等过程，所需设备主要如下。

1. 浸米设备

主要是浸米大罐，一般为不锈钢材质或碳钢表面防腐，浸米罐一般是敞口的圆柱形，底部设计成圆锥形，体积应根据发酵罐配套设计，底部旁有物料出口，浸米时可密封，放掉米浆水后可打开放出浸好的大米，供蒸饭用。

2. 蒸煮设备

主要是蒸饭机，有卧式和立式两种，卧式蒸饭机糯米和粳米都可蒸煮，并且质量较好，而立式蒸饭机不能蒸糯米，但卧式蒸饭机结构复杂，造价较贵，蒸汽和电消耗较大，不锈钢带易损，操作较麻烦等。而立式蒸饭机一般用于蒸煮粳米或籼米。立式蒸饭机有双汽室和单汽室两种。

3. 制曲设备

主要是块曲压块机与圆盘制曲机。块曲成型机用于制作块曲，包含从小麦输送、轧碎、拌水、压块等全过程，只是堆曲还是要人工堆放。圆盘制曲机是近几年由宁波阿拉酿酒有限公司率先使用的全自动曲霉培养装置。培养效果好，操作简便，目前价格较为昂贵。

4. 酒母制作设备

培养纯种酒母，以速酿双边发酵酒母为例需要酵母培养设备，包括高压蒸煮锅、玻璃三角瓶、玻璃试管、培养室等一系列的设备；还有酒母浸米现在普遍也采用不锈钢罐浸米，蒸煮设备可以用木桶蒸饭，也可以用蒸饭机；酒母发酵设备

主要是酒母发酵罐，一般体积为1～2t，外面有夹套，可放冷却水控制酒母醪液的温度。酒母罐一般都采用不锈钢材质。现机械化黄酒生产企业大多采用高温糖化酒母及设备。高温糖化酒母的最大特点是先糖化后发酵，所以其设备是先用高温糖化锅糖化物料，再接种酵母增殖细胞与代谢酒精。

5．发酵设备

机械化黄酒采用不锈钢的大罐为发酵容器，大大节约了占地面积，同时使用压缩空气开耙提高效率还节约劳动力，减轻劳动强度。发酵大罐为圆柱形，底部为圆锥，外层有夹套，可通入冷冻水降温，以控制酒醪的温度不超过33℃，一般后发酵罐的体积可以设计得比前发酵罐大一些，因为后发酵的温度较低，一般为15℃以下，现在大多数厂后发酵为前发酵罐体积的两倍，但也有四倍的，即前发酵四罐并后发酵一罐。当前，较为先进的是发酵罐结合计算机技术，使发酵控制自动化，同时可实时检测与显示温度、糖度、溶解氧、pH等指标，有利于对发酵醪液的科学控制与研究。

6．压滤设备

主要采用板框压滤机将酒醪中的酒糟和清酒分离，最早时的压板和滤板的材料用铸铁，现在多用聚丙烯食品工程塑料，重量轻，强度高，过滤面积可以做得较大。铸铁的现在也还在用，但和塑料板相比，其缺点也显而易见；板框式压滤机，随着食品安全要求的提高，逐步将原来清酒的明流式改进为进入管道的暗流式，过滤面积也在大幅增加，并且卸糟也开始采用自动化，有利于实现黄酒生产线的全自动。过滤设备现在大都采用硅藻土过滤机，以前也有用棉饼过滤机的，现在由于环保因素已基本淘汰，利用硅藻土的微孔将酒液中的一些大分子的物质截留与吸附，以减少酒体中的沉淀物。

7．灭菌设备

黄酒灭菌主要设备是煎酒机，也称板式换热器，原理是利用热交换将酒的温度加热到工艺规定的温度，灭菌设备最早的第一代是用水壶烧，第二代采用盘管热交换器煎酒，第三代是全自动的板式换热器、螺旋管列管式换热器与高温瞬时灭菌器。现在第一代的已很少有，第二代的还有酒厂在用，但热效率低，第三代是发展的方向，热效率最高。

8．存贮设备

黄酒采用机械化生产后，给后熟的存贮带来了很大的压力，大量陶制酒坛的存贮不仅占用大量的仓库，同时也增加了酒损与坛损，由于陶坛的占地面积大，成品酒的存贮不可能全部存放在生产厂区内，因此也增加了产品的运输成本。现在逐步在应用的不锈钢大罐存贮是一个方向。

总之，中国黄酒要想大发展，要想取得较好的经济效益，除了开发新产品外，更重要的是要进行机械化、自动化的改造，以全面提升企业的形象，全面提升产品的技术含量。

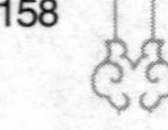

第三节　黄酒醪超酸及酸败的防治

黄酒酿造过程中，因为各种原因引起一系列的质量问题，主要表现在酒醪酸度上升过快，酒精上升异常，糖分异常等现象，如何识别发酵过程中的异常现象，并加以控制和改善，是实际生产中的重要技术环节。下面就对一些发酵中常见的异常现象加以分析解剖。

一、酸败的表现和判断

黄酒酿造过程中，无论是机械化还是传统工艺，其原理是利用微生物生长过程中的代谢产物为人类所用，黄酒的生产过程是糖化和发酵混合进行的，又称"双边发酵"，即边糖化边发酵，如果糖化菌和发酵菌生长不平衡，会引起酒醪发酵异常，主要表现在酒精上升缓慢，酸度上升较快，糖分下降较少。在前发酵阶段时，无论是陶缸还是大罐，应通过感官和理化指标相结合的方法来判断发酵是否正常。

（1）看　正常的发酵醪在发酵过程中的气泡是具有光泽的，且往往容易破裂，液面翻动明显。如果其醪液上布满气泡，且气泡不易散去，气泡表面带有许多杂质，又不易破裂，要引起高度重视。

（2）摸　用手捞一把酒醪，如果很容易将酒糟捏在手掌心挤干，说明发酵正常，如果滑滑的不易挤干，则很可能会出现问题。

（3）闻　用鼻子闻，正常的酒醪会有酒香味和一定二氧化碳的刺激味，如果发酵异常会出现酸味，当然在发酵的前期可能酸度还不太高，酸味可能还不明显，但有经验的老技工能很快辨别出来，这就需要长期经验的积累。严重的是发酵间内出现明显的酸气异味，这是一个极其危险的信号，要尽快采取行动。

（4）尝　一般正常的发酵酒醪在前发酵阶段用嘴品尝甜中带鲜，有一定的酒味，酸味较少，口感较协调。若是发酵不正常，尝之甜味较高而无鲜味，酒味较少而带有一定的酸味，与正常的相比酸味会感觉明显要高。

以上从四个方面用感官手段来判断发酵醪的正常与否，应该不断学习与实践，做到能加以准确判断。如果结合理化手段会更精确。

（1）镜检　例如，用显微镜做镜检，看到发酵醪中有大量杆状的杆菌出现、正常的酵母数量明显偏少等现象，都说明发酵醪被杂菌污染。有个别的杆菌出现是正常的，因为黄酒发酵本身就是敞口发酵、多菌种发酵，但数量不能超过标准，如果超过规定标准会导致杆菌大量繁殖，直接导致酒体酸败。

（2）总酸检测　如果对发酵醪进行酸度滴定，发现酸度明显偏高，说明在发酵过程中已感染了杂菌。pH 明显低于平时正常数值，说明发酵液没有感染，但发酵并不旺盛。

（3）酒精检测　根据发酵醪发酵时间的长短，检测酒精的生成，发现酒精度明显低于平时正常现象，且甜味迟迟不褪，在排除杂菌感染的前提下，说明所用的麦曲或酵母存在问题。

对于发酵醪存在的问题，需要做正确的分析与判断。有时候感官判断比理化指标发现得更早、更快，这就需要多年实践经验的积累，而且及早发现异常对以后的补救措施的实行意义重大。

二、发酵醪酸败的处理

早期发现酒的异常而及时采取措施会减少损失，生产中由于这样那样的原因，如果已经发生了异常现象，那么在生产过程中一般可以采用以下的办法。

（1）一般情况下，如果前发酵有酸败的苗头，也就是说虽然有异常但不明显时（此时严格意义上讲还不能说已经酸败，只要及时发现、措施得力，完全能将发酵醪抢救过来，而且不会有后遗症，以后和正常的发酵醪完全一样），传统工艺，我们会在异常的缸中加放淋饭酒母若干，充分搅拌均匀。主要的原理是利用淋饭酒母中大量的酵母从数量上压倒杂菌数量的优势，从而抑制杂菌的生长。如果是机械化，那么，我们会在异常的大罐中放入速酿酒母，其原理和传统工艺是一样的，操作方法也一样。这一阶段发现和补救一般不会有后遗症或影响很少。

（2）如果再晚一些发现问题，发酵醪已经出现较明显的感官异常，此时加入酒母或淋饭酒母有效果，但已经难控制杂菌的大量繁殖，除了加淋饭酒母，通常在缸中或大罐中加入一定量的老酒汗，即回收酒精，直接提高了醪液的酒精度，可抑制杂菌的繁殖，在较高酒精度的环境下，酵母会缓慢生长，但杂菌的生长则明显受到抑制。如果措施得当，一般到压榨前酸度会有一些偏高，但不会差得很多。

（3）如果再晚一些发现，酒醪的酸味已较明显，此时加酒母已根本没用了，那也没必要让一罐好好的酒母倒入酸败罐中，从而变成酸酒，此时我们通常的做法是尽可能降低发酵醪的温度，因为在低温环境下，杂菌的繁殖速度会大大降低，虽然酵母的发酵也会减慢，但酸度的控制是首要的。

（4）酸败酒醪的搭配。采取种种措施后的发酵醪到压榨以前，要看当时的理化指标进行合理的搭配，一般酸度略微偏高，我们会直接采用酸碱中和的方法。而如果酸败较严重时，是不可能直接采用中和法的，因为一是成品理化指标会超标；二是酸败酒的感官指标较差，如果直接中和，即使指标符合，口感也较差，从而影响酒的品质。我们会采用稀释的方法进行勾兑搭配，例如，取正常酒90%加异常酒10%混合后，再采用中和法。具体的搭配比例要根据具体情况灵活调节，这样一般不会影响酒的口感指标。

三、酸败的预防

黄酒在酿造过程中出现的酸败问题主要是卫生管理与发酵控制。一个卫生管理十分理想的黄酒酿造企业，它在黄酒酿造过程中各工序的操作质量会得到极大的保证，而一个好的产品，都来源于各工序操作质量的保证。黄酒酿造是一个和微生物打交道的生物发酵工程，对酿酒的控制，实际上就是对微生物的控制。根据以上原理，黄酒酿造过程中的酸度过高，甚至酸败都是可以预防的。

酸败的处理方法，从原理上我们可以发现，其实都只是抑制杂菌的生长，并不能从根本上消灭杂菌，如果要从根本上杀灭杂菌，那么唯有加热到微生物的死亡温度，但此时酒醪中几乎所有的微生物都会死亡，而且在发酵的过程中也不可能加热杀菌，所以如何预防酸败是生产中的技术要点。黄酒的发酵是多菌种共同参与的，而且采用自然发酵的麦曲，又采用敞口发酵，麦曲中、原料中、空气中的各种微生物都会出现在酒中，虽然如此，但无菌卫生的概念还是要牢牢记住的，因为发酵过程中主要以优势的酵母大量繁殖以数量的优势来抑制杂菌的生长，所以除了做好卫生工作以外，优良的淋饭酒母是发酵正常的保证，当然米饭要蒸熟，麦曲的质量要达标，不能有异常气味，发酵用水要新鲜干净等条件是生产正常的基本保证。总之，优质的原料、优质的糖化发酵剂、整洁干净的卫生环境，以及优良的工艺控制是生产优质黄酒的前提和保证。下面重点介绍酿造过程中的卫生管理，只有卫生得到保证，才能有效地预防黄酒的生酸。

（一）卫生管理人员

黄酒酿造是食品生产的一种类型，必须保证食品安全，因此企业应配备经专业培训的专职或兼职卫生管理人员，其职责是对本单位的卫生工作进行全面管理、宣传和贯彻《中华人民共和国食品安全法》及相关的卫生法规和标准，监督检查相关的卫生法规和标准在本单位的执行情况，制定本单位的各项卫生管理制度，建立管理技术档案，配合卫生主管部门做好从业人员的培训、体检工作。

（二）厂区管理

厂区内不得兼营、生产、存放有碍食品卫生的其他产品。

（三）人员管理

1. 卫生教育

工厂应对新参加工作和临时参加工作的人员进行卫生安全教育和培训，取得卫生行政部门合格证后方可从事生产活动，定期对企业职工进行相关卫生法规和卫生标准的宣传教育。做到教育有计划、考核有标准、卫生培训制度化和规范化。

2. 健康教育

直接从事酿酒生产及需进入生产、仓库现场管理、质控人员必须取得体检合格证后方可上岗工作，并每年至少进行一次健康检查，必要时，应接受临时健康检查。工厂要建立职工健康档案。

3. 个人卫生

（1）生产人员必须保持良好的个人卫生，不得留长指甲、涂指甲油和戴戒

指、手珠、手链、项链、耳环等饰物。勤洗澡，勤理发、勤换衣服。

（2）进酿造车间前，必须穿戴整洁的工作服、工作帽。必须按程序洗手消毒，以防止交叉污染。工作服和工作帽必须及时更换，定期消毒。

（3）不得将与生产无关的用品带入车间。

（4）禁止在生产场所吸烟、进食及进行其他有碍制酒卫生质量的活动。

（四）维修和保养

厂房、设备、设施必须保持良好状态，正常情况下，每年至少进行一次全面的检修和校验。所有与酿造有关的设备与工器具，均需保持高度的洁净。并有专人进行定期与不定期的检查，及时整改。

（1）应制定有效的清洗、消毒方法和制度，保证生产场所、生产设备的清洁卫生和安全，防止产品在生产过程中被污染。

（2）清洗和消毒方法必须安全、有效，采用的洗涤剂、消毒剂和设备必须是卫生许可的产品。

（3）车间、设备、工器具、操作台每次生产结束或使用后要清洗和消毒，用洗涤剂和消毒剂处理后，必须将残留的洗涤剂和消毒剂彻底冲洗干净。

（4）更衣室、厕所等场所必须经常清扫、清洗、定期消毒。

（五）废弃物处理

生产过程中产生的废弃物必须及时清理并清除出酿造区域，废弃物容器和暂时存放的器具应密闭，防止外溢渗漏，发现有污液渗漏要及时清理、清洗、冲洗、消毒，保证在酿造区域内的洁净。

（六）除虫灭害

厂区内禁止饲养家禽、家畜、宠物。厂区及其周围环境应定期除虫灭害、灭鼠，防止害虫滋生与传播。

（七）原辅料管理

（1）使用的大米、小麦、黍米等原料、辅料必须符合 GB 1351—2008、GB 1354—2009、GB 2717—2003 等国家标准，不得使用发霉、变质或含有毒、有害物以及被有毒有害污染的原辅料。

（2）生产特种黄酒的特殊辅料，应使用《中国食物成分表》《既是食品又是药品的物品名单》，并符合相应的标准和《中华人民共和国药典》要求。

（3）使用我国无食用习惯的动物、植物、微生物或从动物、植物、微生物中分离无食用习惯或在加工过程中导致原有成分、结构发生改变的食品原料和发酵、糖化用菌种，应按《新资源食品管理办法》规定执行。

（4）麦曲、麸曲　应制订相应的操作规程和质量标准，不得使用霉烂、变质的麦曲、麸曲。

（5）酒母　生产酒母用原辅料，包括某些化学试剂、乳酸等及生产过程均应符合食品卫生要求。

（6）食品添加剂　使用食品添加剂应经国家卫生部批准，省级卫生行政部门许可，符合相应质量标准和 GB 2760—2011 标准的产品。

（7）生产用水　应符合 GB 5749—2006《生活饮用水卫生标准》规定。

黄酒酿造过程中要预防生酸，根本一条就是：保证环境与器物的卫生洁净，认真用心地按规定操作。只要这一条做到了，黄酒酿造过程中的生酸现象便会大大减少，甚至不再出现。

第四节　黄酒的陈化与管理

黄酒最后要成为成品，大多是通过贮存以后再灌装成小包装的。

黄酒酿成后，称为新酒。虽然也可直接饮用，但新酒口味辛辣、粗糙、不柔和，香味不浓郁，酒体组分不够协调，风格尚有缺陷。黄酒是以谷物为原料，多种微生物参与发酵，代谢产物十分丰富，形成了非常复杂的有机液体。新酒各成分的分子很不稳定，分子之间排列又不太有序，因此必须经过一定时间的贮存，使各种成分稳定下来，酒精分子和水分子缔合紧密，分子之间排列整齐。一般地说经过一夏的大暑，一冬的大寒，这个过程属于黄酒的后熟阶段。接着进入老熟阶段。陈化是后熟和老熟这两个阶段的统称。在黄酒陈化过程中，产生了一系列物理变化和化学反应。黄酒通过长时间的贮存，会使酒体陈化，提高了酒液的澄清度，增加了酒香，改善了酒味的愉悦性，使黄酒的质量明显提高，也就是说提高了黄酒的享用价值。

所以说黄酒陈化的意义在于提升酒质，提高享用价值，是黄酒酿造不可忽视的一道后续工序。然而要获得好的酒基，就必须对生产的贮存酒进行必要的管理与控制，使其有利于黄酒在后熟阶段的质量，有更为出色的提高。为使基酒的库存管理做到有的放矢，有必要对黄酒在贮存过程中的有关知识进行了解。

一、黄酒陈化过程中的化学反应和物理变化

（1）氧化反应　如乙醇氧化成乙醛，乙醛是黄酒中的香气成分。从乙醛量的增加可以认为是醇类氧化中成醛较快的一种。乙醛再氧化成乙酸，但氧化成酸的速度较慢。

（2）结合反应　小分子结合成大分子，如葡萄糖与含氮化合物结合生成类黑精和醛（又称美拉德反应）。

（3）酯化反应　有机酸和醇类反应生成酯，如乙酸与乙醇反应，生成乙酸乙酯，乳酸与乙醇反应生成乳酸乙酯。

（4）分解反应　大分子分解成小分子。如来自发酵后期，酵母自溶出 5－腺苷甲硫氨酸，分解生成 5′－甲硫基腺苷和高丝氨酸。

（5）分子内部反应　细长分子内自身的内部反应。如 α－羟基戊二酸分子中

的羟基和羧基结合成内酯，以及二肽分子内的氨基和羧基生成的内酰胺的反应。

（6）缔合作用　水分子和酒精分子缔合降低了酒精分子的活度，使酒味柔和。

二、成分变化

1. 醇类物质呈递减趋势

以主体物质乙醇为例，前3年递减的速度较快，后期递减的速度变慢。乙醇的去向，大体可分三种情况：一是被氧化成乙醛，再氧化成乙酸；二是乙醇与乙酸相结合生成乙酸乙酯，与乳酸相结合生成乳酸乙酯等；三是挥发逸出。此外，高级醇，如丁醇类、戊醇类也被氧化，最终氧化成酸，酸与醇结合生成酯。高级醇逐年下降的数据，见表5－15。

表5－15　酒龄与高级醇变化表

陈年数	绍兴A企业陈年黄酒			陈年数	绍兴B企业陈年黄酒		
	苯乙醇／（mg/L）	异丁醇／（mg/L）	异戊醇／（mg/L）		苯乙醇／（mg/L）	异丁醇／（mg/L）	异戊醇／（mg/L）
1	170.4	97.2	116.4	1	174.9	91.3	97.6
4	167.8	91.6	95.6	3	166.7	65.9	84.4
7	121.2	54.4	71.2	4	158.0	57.7	75.9
10	119.3	63.3	76.7	12	112.1	38.4	56.4
13	117.9	37.7	49.5	—	—	—	—
下降率/%	31	61	57	下降率/%	36	58	42

2. 醛、酸类物质呈现上升的趋势

酸类物质在贮存过程中，有两大去向，一是与醇结合生成酯，二是一些挥发性酸类，也会挥发、逸出。但测试数据证明不但酸没有下降，反而上升，这是因为醇不断被氧化成醛，醛又不断氧化成酸，因氧化的总量大于酯化和挥发，因此酸是逐年增加的。同理醛也是逐年增加的。酸的增加见表5－16，醛的增加见表5－17。

表5－16　酒龄与总酸的变化情况表

绍兴A企业陈年黄酒			绍兴B企业陈年黄酒		
陈年数	总酸（乳酸计）／（g/100mL）	年平均增加量／（g/100mL）	陈年数	总酸（乳酸计）／（g/100mL）	年平均增加量／（g/100mL）
1	0.63	—	1	0.51	—
4	0.69	0.020	3	0.61	0.025
7	0.72	0.015	4	0.63	0.020

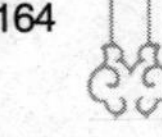

续表

绍兴A企业陈年黄酒			绍兴B企业陈年黄酒		
陈年数	总酸（乳酸计）/（g/100mL）	年平均增加量/（g/100mL）	陈年数	总酸（乳酸计）/（g/100mL）	年平均增加量/（g/100mL）
10	0.75	0.013	12	0.65	0.016
13	0.81	0.015	—	—	—
陈13年总酸增加率/%	29		陈13年总酸增加率/%	27	
总酸年均增加率/%	2.4		总酸年均增加率/%	2.5	

表5-17　酒龄与醛的变化情况

绍兴A企业陈年黄酒			绍兴B企业陈年黄酒		
陈年数	糠醛/（mg/L）	苯甲醛/（mg/L）	陈年数	糠醛/（mg/L）	苯甲醛/（mg/L）
1	—	13.6	1	12.4	—
4	13.2	13.9	3	13.5	14.2
7	—	17.2	4	16.2	14.5
10	—	17.3	12	25.2	14.9
13	—	16.5	—	—	—

3. 酯类物质逐年增加

黄酒陈化的主要特征之一是香味的增加，就是呈香的酯类物质的增加，从“醇+酸→酯”的化学方程的分析，只要增加醇的量，或增加酸的量，都能增加酯的量。这也是说酸度低的黄酒产酯量不如酸度高的黄酒，参与反应底物多了，酯化反应后生成的酯类物质也多了。经过多年贮存的黄酒含酯种类十分丰富，其中以乳酸乙酯含量为最多。乳酸乙酯逐年增加量见表5-18。

表5-18　酒龄与乳酸乙酯的变化表

绍兴A企业陈年黄酒		绍兴B企业陈年黄酒	
陈年数	乳酸乙酯/（mg/L）	陈年数	乳酸乙酯/（mg/L）
1	221	1	76
4	297	3	106
7	424	4	170
10	465	14	302
13	494	—	—
总酯年增加率/%	10.4	总酯年增加率/%	27.0

4. 氨基酸态氮逐年减少

黄酒中氨基酸含量十分丰富，常规检测可以测到18种氨基酸（α-氨基酸）。江南大学和中国绍兴黄酒集团有限公司的科研成果表明，还含有γ-氨基丁酸。氨基酸在贮存过程中，一部分参与了酯化反应，另一部分与铁离子结合生成柯因铁，或与别的成分凝聚，沉淀下来。剩下来的游离氨基酸逐年减少，因此氨基酸态氮（表示各种氨基酸的总量）是逐年减少的，见表5-19。

表5-19 酒龄与氨基酸态氮的变化表

绍兴A企业陈年黄酒		绍兴B企业陈年黄酒	
陈年数	氨基酸态氮/（g/L）	陈年数	氨基酸态氮/（g/L）
1	0.127	1	0.109
4	0.100	3	0.101
7	0.093	4	0.100
10	0.107	12	0.065
13	—	—	—
总体氨基酸态氮减少率/%	27	总体氨基酸态氮减少率/%	40

5. 固形物逐年增加

黄酒中的固形物包括糖类、蛋白质及肽类、游离氨基酸、糊精、甘油、酚类、酯类、矿物元素、有机酸盐等多种成分。在以陶坛为容器的贮存过程中，一部分挥发性物质如乙醇和水等会挥发和逸出，使酒液体积减少，使固形物相对增加。另外，各种化学反应也会增加固形物，因此陈年的酒有“厚实”的感觉。固形物逐年增加，见表5-20。

表5-20 酒龄与固形物的变化表

绍兴A企业陈年黄酒			绍兴B企业陈年黄酒		
陈年数	固形物/%	除糖固形物/%	陈年数	固形物/%	除糖固形物/%
1	5.94	3.69	1	5.87	3.32
4	6.50	3.80	3	6.56	4.06
7	6.48	4.08	4	6.68	4.23
10	8.16	5.96	12	8.74	6.24
13	9.10	6.90	—	—	—
平均年增长率（以13年计）/%	4.4	7.2	平均年增长率（以12年计）/%	4.4	7.9

三、电导率、氧化还原电位的变化

1. 电导率的变化

电导率可以从一个侧面反映酒的老熟程度。随着贮存期的延长，电导率明显提高。增高的原因主要是：醇的氧化使酸含量增高和乙醇与水分子的缔合所致。它是黄酒理化性质改变的结果。在贮存初始阶段电导率变化较大，以后变化较小。据原无锡轻工学院发酵分析组对绍兴五十年陈花雕与三年陈元红酒做对比检测得到，五十年陈花雕的电导率为 $2.20\times10^5\mu\Omega/cm$，而三年陈元红酒为 $1.42\times10^5\mu\Omega/cm$。

2. 氧化还原电位的变化

黄酒中成分复杂，其中氧化还原电位有所下降，说明酒中的氧化物质减少，还原物质增加。在较低的电位下，有利于香味物质的形成，因此陈酒获得浓郁的芳香。但氧化还原电位过低，使酒产生过熟味。据绍兴加饭酒实测，氧化还原电位在贮存初期是增高，然后下降。三年陈的元红酒为 290mV，五十年陈花雕为 185mV（检测单位同上）。

四、色、香、味的变化

1. 色的变化

贮存期间色泽随贮存时间推移而增深，主要是酒中的糖分与氨基酸相结合，进行了氨基酸羰基反应，也称糖氮反应或美拉德反应。产生类黑精物质与含氮量成正相关，含糖含氮量多的酒、褐变速度快，颜色也深。含糖、含氮量低的酒，褐变速度慢，颜色也浅。加麦曲的甜酒，比不加麦曲的甜酒褐变的速度快，因为麦曲，含蛋白质多，含分解蛋白的酶也多，含氮浸出物多，因此加麦曲的甜酒颜色容易变深。此外，贮酒仓库温度高也促使酒的色泽变深。

促使黄酒在贮存期间颜色变深的因素有含糖量、氮浸出物、pH、贮酒温度和贮酒时间五项，而且与变深的程度呈正比，该五项因素的值越大，酒色越深。

防治褐变的办法：

（1）缩短甜黄酒的贮存期。

（2）降低含糖量。

（3）甜酒少用或不用麦曲，减少氮浸出物。

（4）低温贮存。

（5）降低 pH。

（6）酒精度、糖分各为 20% 以上的浓甜黄酒。可采用不灭菌贮存，或贮存期控制在两年之内。

2. 香气的变化

黄酒香气是由多种成分组成的复合香气。除原料和曲香外，主要是由酵母和

其他多种微生物及酶的代谢产物产生的香气。如，糖香与焦糖香，酒精的醇香，酸及氨基酸香，各种酯香、醇香、醛香等。黄酒经贮存后，会产生陈酒香，主要来源是酯类物质，是酒精及高级醇与有机酯起化学反应而成。黄酒的酯化反应是分子反应，它的反应速度是非常缓慢的，因此陈化的时间越长、香气越浓。

3. 味的变化

在贮存过程中，黄酒的口味也随之变化，从辛辣、粗糙变成柔和、细致。辛辣刺激味，主要是酒精、高级醇、乙醛等成分所构成。黄酒在贮存期间，酒精的氧化、酯化反应，乙醛缩合成口味柔和的乙缩醛，酒精分子与水分子缔合加强，这一系列的化学、物理的变化，使酒的辛辣味、粗糙感逐步消除，酒体变得协调、平稳，酒味变得醇厚柔和。含糖、含氮物质高的酒，在褐变的同时出现焦糖苦味。

五、黄酒陈化方式

黄酒陈化方式有两种：一是自然陈化；二是人工催陈。

（一）自然陈化

黄酒自然陈化，也称为自然老熟，它是随着贮存时间的推移，使酒得到陈化。自然陈化中，选择容器是个关键性问题。

1. 陶坛容器

贮黄酒的容器，最好是陶坛，其优点是：

（1）陶坛系黏土烧结而成，内外涂以釉质，坛壁的细孔、间隙是烧结时形成的，它大于空气分子。酒液虽在坛内封藏，但与空气并非完全隔绝，空气的通透作用，催化了酒体的氧化反应。

（2）陶坛的封口材料是荷叶、竹壳和泥土，荷叶和竹壳是透气的，泥土干燥以后也是透气的。曾经采用石膏代替泥土封口，经多次观察和试验证明，泥土因具有空气的通透作用，产生陈香的时间短，陈香浓，而石膏缺乏空气的通透性，迟迟不能产生陈香，因此贮存黄酒应以泥土封口为好。

（3）陶坛容积较小，易感受外界的温度变化，一冷、一热促进酒液分子运动，促进化学反应和物理变化。

（4）安全性较好，陶坛贮酒也会有漏坛，脱泥土致使密封下严，使酒变质，但它是个别问题，极大部分坛酒，在贮存期内质量是安全的，不会产生变质的事故。

陶坛贮酒的缺点是陶坛经常要修补，堆坛也很困难，陶坛酒搬运、堆幢劳动强度大。陶坛贮酒损失较多，有挥发逸出，坛壁吸附、渗漏、打破等项损失，陶坛贮酒占用仓位也比较大，$1m^2$只能贮存约0.7kL的酒。

2. 金属大容器

金属大容器贮酒，一般采用不锈钢材料，它的优点是容积大，占地面积小，可以采用机械化操作，避免繁重的体力劳动，酒损少。但容器、管道及其他涉及贮存的所有工器具都必须彻底灭菌，以保证大罐中的酒体不变质。另外如果是酒体降温后进入大罐，则必须保证所有输送管道的密闭性，杜绝杂菌的感染。金属大容器上必须装有呼吸阀，以保证酒体在热胀冷缩过程中，容器不会变形。大容器贮酒虽然便于管理，但目前还存在下列问题。

（1）大罐缺乏微量空气的补给，氧化反应比陶坛缓慢，酯化反应也慢，所以大罐贮酒产生香气缓慢。

（2）大罐贮酒为防止产生负压，要多次补充无菌空气，在补充空气的操作中，容易染菌，众多的阀门、弯头也存在染菌的隐患，大罐酒一旦染菌，损失就很大。

（3）大罐贮酒，进罐的酒要进行加热灭菌，一罐酒泵满需要很多小时，再把温度降到室温，也需要很长时间。酒体长时间处于高温状态，致使一些很好的呈香、呈味物质也被挥发掉，使酒体弱化。

以上三个问题还需要进一步研究解决。

（二）人工催陈

1. 人工催陈的原理

（1）物理催陈作用

①促进缔合：增强极性分子间的亲和力，增强酒精与水分子的缔合度，也促使某些酯类及酸类等其他成分参与这种缔合群。缔合度越大，酒精、有机酸等分子的自由度越小，酒味就变得柔和。

②增加分子动能。分子动能的增加，提高了分子的活化水平，从而增加了分子有效的碰撞率，加速了酯化、缩合、氧化还原等反应的进行，使酒在较短的时间内产生较多的酯香物质，并使各类物质之间的化学反应、物理性排列较快地达到平衡，减少了辛辣味，酒味变得醇厚。

③加速低沸点成分挥发；由于分子动能的增加，新酒中的乙醛和丙烯醛，以及游离氨等，得以迅速挥发，排除了黄酒的异杂气味，从而使香味突出和纯正。

（2）化学和生物化学的催陈作用

①提供某些氧化还原剂，使氧化还原反应及早趋于动态平衡或形成新的动态平衡。陈酒的氧化还原电位比新酒低，呈现氧化状态，说明新酒是被氧化而变为陈酒的，如大容器贮酒中，适时适量通入无菌空气，有利于酒的老熟、陈化。

②采用化学或酶的催化作用，降低各种反应所需的活化能，促使酯化、缩合等反应的加速进行。

2. 人工催陈的方法

人工催陈的方法很多，现将科学研究已取得阶段性成果的方法介绍如下：

（1）太阳能催陈法　新酒通过太阳能集热管和采光管，利用太阳能的加热

作用和光的催化作用，有利于酸、醇等分子活化，促进酯的生成，但要注意防止产生焦糖味。

（2）红外线催陈法　也是一种热处理法，作用与太阳能催陈大致相同。

（3）^{60}Coγ 射线辐照法　新酒通过^{60}Coγ 射线辐照，加速了各种化学反应，从而取得陈化的效果。

（4）电、光、磁综合催陈法　利用高频电场、红外线光照和磁场处理，促进新酒的化学反应和分子物理性排列，以及光和热的化学作用，使新酒加速陈化。

（5）激光催陈法　利用光子的高能量，对新酒中某些物质分子的化学键给予有力的撞击，致使化学键出现断裂或部分断裂，成为小分子，或成为活化络合物而重新进行新的组合，如为酒精与水的缔合提供活化能，使水分子不断解体成游离态的氢氧根，与酒精分子亲和而完成缔合过程。

（6）高压催陈法　利用高压（100MPa），给新酒以强大的压力，促使分子与分子的结合与缔合，从而达到催陈效果。

此外，还开展了一些超声波催陈、微波催陈、机械振荡催陈，大罐通气催陈、催化剂催陈等科学研究，取得了一定的成果。

六、黄酒的贮存期的控制与管理

黄酒的陈化包括“后熟”和“老熟”两个阶段，“后熟”指经过一个夏天的高温和一个冬天的低温，黄酒已经成熟。一般说来，陈贮一年的“后熟”是不可少的，适用于干酒、半干酒、半甜酒和甜酒。当然，不包括“纯生黄酒”。

黄酒的老熟贮存期也不是越长越好，按不同含糖量有不同要求。一般含糖量低的干型黄酒指含糖量在15g/L以下的黄酒，糖氮反应不明显，颜色不会发生褐变，不会出现焦糖苦味。清末民初生产的花雕酒，是干型酒（当代的花雕酒，是半干型酒），历经近百年，酒体依然完好，酒色淡黄、澄清，酒香扑鼻，酒味淡和清爽，没有任何辛辣味。干型酒最耐贮存。半甜型酒和甜型酒次之。甜酒最不耐贮存。因为含糖量高，与酒中的氨基酸等氮浸出物结合，产生糖氮反应，也称美拉德反应，使酒的颜色褐变，而且会产生焦糖苦味，酒香也带焦苦气。甜型酒，经过一年的“后熟期”就应该上市，或作勾兑用酒，不能久贮。半甜型可贮存1~3年。半干型酒仅次于干型酒，一般情况下可历经长年贮存，但由于半干型酒的酒体比较丰满，非糖固形物含量较高，故产生的沉淀较多。但经长年贮存后的酒体则更加圆润醇厚，是理想的陈年酒对象。

1. 制订贮酒计划

黄酒的贮存，应制订比较周详的计划，需要考虑的因素有：

（1）市场因素　市场对各个品种的需要，如每年能销三年陈、五年陈……的产品量，并预测今后市场的变化趋势，从而确定贮存量。

（2）酒型因素　根据干型、半干型酒贮存的时间可长，半甜型、甜型酒贮存时间应短的原则，确定每型酒的贮存期。

（3）酒质因素　根据当年的原料供应情况、水质情况、糖化发酵情况、成酒后质量检查情况，按瓶装酒勾兑需要，分袋酒、大宗酒、搭酒分级进行贮存，还要贮存一些调色酒（浓色酒和不加焦糖色的酒），调味酒（如增加鲜灵度的清酸酒）以及科学研究需要的观察酒、跟踪酒。

2. 建立账、卡

贮酒仓库要建立台账和质量跟踪卡，把质量数量情况予以详细记载。

3. 定期检测

新酒入库前应进行全面的化验检测和感官检查，记入质量跟踪卡。

以后每年进行一次检测和品尝，并将酒质变化记入卡片，发现有变质情况应及时处理。

4. 翻仓

库存陶坛酒，在隔年的夏季应进行一次翻仓，即把上层的坛酒翻到下层，下层翻到上层；通风处翻到不通风处，不通风处翻到通风处。这样做是为了每坛酒陈化的条件可以大致相同。翻仓另一个目的是将漏坛拣出，将脱泥头、破泥头重新补好，以减少漏酒损失和防止封口不严导致变质。这种翻仓只要进行一次就可以了，因为翻仓要搬动坛酒，搬动的过程中，难免酒液从荷叶、箬壳的隙缝中与泥头相遇，引起细菌污染变质。

5. 做好安全工作

仓库的安全工作任务是保证质量安全和数量安全两个方面。

（1）质量安全　即保证仓贮期间黄酒的质量不变坏，这就要防止日晒雨淋，夏天要挡住阳光直接射到酒坛上。一年四季都要防止雨水打湿泥头，夏天要关窗门和库门，并要遮住阳光，保持酒库阴凉的环境，以保证黄酒质量的安全性。

（2）数量安全　要经常查看酒库，坛酒堆三个坛高或四个坛高，都要保持垂直和独立，与邻桩不依不靠，如发现倾斜或旁靠的情况要立即纠正，防止倒桩、打破坛酒。同时要做好防盗窃、防灾害事故工作。

思考题

一、名词解释

1. 糖化　2. 发酵　3. 开耙　4. 生酒　5. 酸败　6. 热作酒　7. 冷作酒

二、简答题

1. 简述酒母制作过程中开耙的目的和作用。

2. 简述黄酒发酵的特点。

3. 在正常的黄酒发酵中有哪些有机酸？

三、问答题

1. 黄酒自然陈化中大多以陶坛贮存进行陈化，试论黄酒陶坛贮存的优缺点。

2. 试论述黄酒陈化过程中的酒体变化。

实训

实训一　传统黄酒酿造

一、目的要求

通过实训，进一步理解黄酒酿造的基本原理，了解并熟悉黄酒酿造的工艺流程和工艺操作条件，了解成品黄酒质量要求。

二、实训原理

黄酒酿造是典型的边糖化边发酵工艺。利用糖化发酵剂中淀粉酶、蛋白酶等各种水解酶类的作用，水解原料中的淀粉和蛋白质等为可发酵性糖、氨基酸等营养物质，同时利用糖化发酵剂中的酵母菌发酵可发酵性糖，生成主产物酒精，过程中同时产生了柠檬酸、乳酸、琥珀酸等其他副产物，经过漫长的后酵和贮酒阶段，最终形成黄酒成品。

三、实训器材

糯米、麦曲、酒药、纱布、pH 计、酒精计、温度计、烧杯、三角瓶、漏斗等。

四、实训操作

（一）淋饭酒（母）酿造

1. 淋饭酒工艺流程

淋饭酒（母）制备工艺流程如图 1 所示。

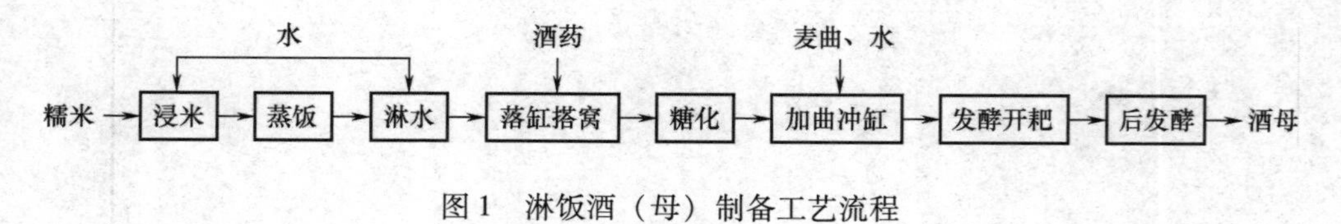

图 1　淋饭酒（母）制备工艺流程

2. 淋饭酒配料

制备淋饭酒母要采用糯米为原料。生产淋饭酒母时一定要严格配方，控制加水量，并要求落缸时米饭的质量加上冲缸时的用水量为原料米质量的 3 倍。

以每 1000mL 烧杯投料米量为基准，糯米投料 200g，其配方见表 1。

表 1　淋饭酒配料量

名称	用量	名称	用量
糯米	200g/1000mL	酒药	糯米用量的 0.3%
麦曲（块曲）	糯米用量的 15%	饭水总质量	糯米用量的 3 倍（扣除饭中所含水分）

3. 操作

(1) 浸米 称取200g糯米于1000mL烧杯，去除杂质和杂米，并洗净。冷水浸泡，浸米结束后要求颗粒完整，一捏成粉状，25℃下保温2d，浸米的程度以米粒完整而用手指掐米粒成粉状、无粒心为好。再用清水冲净浆水、沥干。

(2) 蒸饭 蒸煮后要求米粒熟而不糊，饭粒松软，内无白心。高压蒸煮20min。

(3) 淋饭 将饭淋冷至30℃以下，用35℃温水回淋，使饭均匀冷却至28~30℃，称量记录。计算出饭率。

(4) 落缸和搭窝 落缸以前，先将发酵烧杯洗刷干净，并用沸水泡洗杀菌。落缸时，称量0.3%酒药粉，部分与米饭拌匀，搭成凹形窝，少量撒在饭窝表面。

(5) 糖化 30℃下保温2d，保温糖化至甜液满至酿窝的3/5高度。

(6) 冲缸 加入15%麦曲和150%水冲缸，充分搅拌均匀。

(7) 前发酵 冲缸后，29℃下保温约10h，开头耙；再过5h开二耙；开二耙后，25℃下保温2d，20℃下保温3d，每隔12h，开耙一次。

(8) 后发酵 15℃保温至酒糟全部下沉，约2周。

(9) 过滤 纱布过滤后滤纸过滤，

(10) 澄清 过滤得到的生酒，20℃以下静置2d。

(二) 摊饭酒酿造

1. 工艺流程

摊饭酒酿造工艺流程如图2所示。

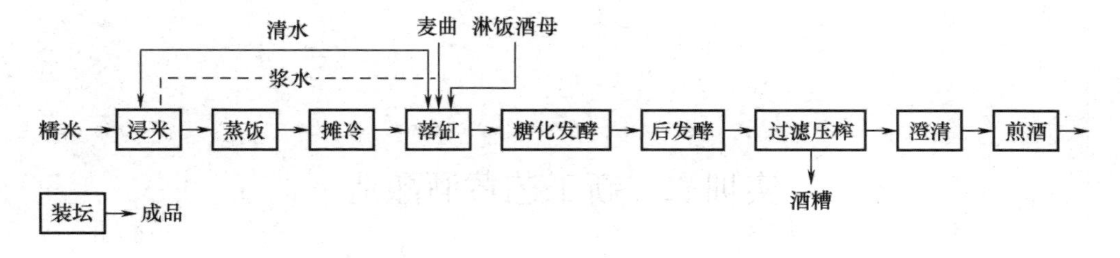

图2 摊饭酒酿造工艺流程

2. 摊饭酒配料

以每1000mL烧杯投料米量为基准，糯米投料200g。其配方见表2。

表2 摊饭酒配料量

名称	用量	名称	用量
糯米	100g/500mL（烧杯的用量）	淋饭酒母	糯米用量的6%
麦曲（块曲）	糯米用量的15%	米浆水+清水	(60+80) mL

3. 操作

(1) 浸米：称取100g糯米于500mL烧杯，去除杂质和杂米，并洗净。25℃下保温2天，浸米的程度以米粒完整而用手指掐米粒成粉状、无粒心为好。再用清水冲净浆水、沥干。

(2) 蒸饭 高压蒸煮20min。

(3) 摊饭 将饭摊冷至40℃以下（控制落缸后品温达到26～28℃）。

(4) 落缸 缸中放水80%，投饭后拌入15%麦曲和6%酒母，最后加入60%酸浆水（乳酸调至pH3.5～4.5），拌匀后进入前发酵。

(5) 糖化与发酵 30℃保温10～12h开头耙；每隔4h左右开耙一次，四耙后，一般在每日早晚搅拌两次，主要是降低品温和使糖化发酵均匀进行。4～5d后，进行后发酵。

(6) 后发酵 15℃保温至酒糟全部下沉，约2周。

(7) 过滤 纱布过滤后滤纸过滤，

(8) 澄清 过滤得到的生酒，20℃以下静置2d。

(9) 煎酒 酒温在90℃下30min。

(10) 陈酿 阴凉干燥处陈酿。

五、数据处理及思考

总结传统黄酒生产原理及工艺并计算出饭率。

六、实训报告

实训二 新工艺黄酒酿造

一、目的要求

通过实验，进一步理解黄酒酿造的基本原理，了解并熟悉黄酒酿造的工艺流程和工艺操作条件，了解成品黄酒质量要求。

二、实训原理

黄酒酿造是典型的边糖化边发酵工艺。利用糖化发酵剂中淀粉酶、蛋白酶等各种水解酶类的作用，水解原料中的淀粉和蛋白质等为可发酵性糖、氨基酸等营养物质，同时利用糖化发酵剂中的酵母菌发酵可发酵性糖，生成主产物酒精，过程中同时产生了柠檬酸、乳酸、琥珀酸等其他副产物，经过漫长的后酵和贮酒阶段，最终形成黄酒成品。

三、实训器材

糯米、麦曲、酒药、纱布、pH 计、酒精计、温度计、烧杯、三角瓶、漏斗等。

四、实训操作

1. 工艺流程

摊饭酒酿造工艺流程如图 3 所示。

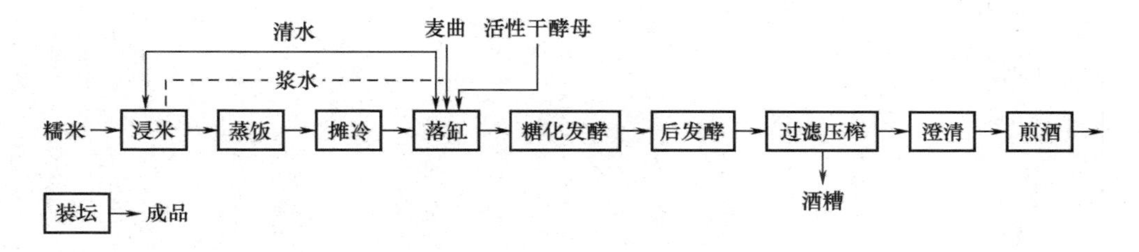

图 3 摊饭酒酿造工艺流程

2. 摊饭酒配料

（1）活性干酵母活化　加 10 倍 2% 糖水 38℃ 活化 30min，活化后即可作酒母用。

（2）以每 1000mL 烧杯投料米量为基准，糯米投料 200g。其配方见表 3。

表 3 摊饭酒配料量

名称	用量	名称	用量
糯米	100g/500mL	活性干酵母	糯米用量的 0.6%
麦曲（块曲）	糯米用量的 15%	清水	140mL

3. 操作

（1）浸米　称取 100g 糯米于 500mL 烧杯，去除杂质和杂米，并洗净。25℃下保温 2d，浸米的程度以米粒完整而用手指掐米粒成粉状、无粒心为好。再用清水冲净浆水、沥干。

（2）蒸饭　高压蒸煮 20min。

（3）摊饭　将饭摊冷至 40℃ 以下（控制落缸后品温达到 26 ~ 28℃）。

（4）落缸　缸中放水 80%，投饭后拌入 15% 麦曲和活化的活性酒母，最后加入清水，测定 pH（1 滴乳酸调至 pH3. 5 ~ 4. 5），拌匀后进入前发酵。

（5）糖化与发酵　30℃保温10～12h开头耙；每隔4h左右开耙一次，四耙后，一般在每日早晚搅拌两次，主要是降低品温和使糖化发酵均匀进行。4～5d后，进行后发酵。

（6）后发酵　15℃保温至酒糟全部下沉，约2周。

（7）过滤　纱布过滤后滤纸过滤。

（8）澄清　过滤得到的生酒，20℃以下静置2d。

（9）煎酒　酒温在90℃下30min。

（10）陈酿　阴凉干燥处陈酿。

五、思考题

总结黄酒生产原理及工艺。

六、实训报告

实训三　生麦曲的制作

一、生麦曲制作前的准备

（一）目的要求

通过学习，能利用感官鉴定原料的外观质量，掌握清洁卫生的方法，通过学习可以完成器具的清洗、简单灭菌操作，根据不同器具、场地，采取相应的清洁方法，能使生产现场环境卫生满足工艺要求。掌握检查设备、仪表的方法，通过学习，能进行设备的润滑保养，能判断能源供给是否满足工艺要求。

（二）实训操作

1. 原料及其要求

（1）原料的外观标准　选用当年产的红色软质小麦，要求麦粒完整、颗粒饱满、粒状均匀，品种大体近似，无虫蛀，无霉烂，无农药污染，不可带特殊气味，不含秕粒、泥土和其他杂质，无毒麦（黑麦属恶性杂草籽，比小麦瘦小、含毒麦碱、可引起急性中毒，先检查是否含有黑麦，如有，则可采用筛选或用漂浮法，将毒麦除净）。

（2）小麦的清理除杂　小麦中混入的杂质，无机的如尘土、泥块、沙石、煤渣、金属物等；有机的如草秆、麦穗、麻片、绳头、病变麦粒等。小麦除杂是根据小麦和杂质不同的物理特性，将杂质分离出来。

①采用带有风选装置的机械，利用悬浮速度的不同，清除小麦中混入的尘土、麦壳、虫蚀麦等悬浮速度较小的轻杂质和分离砂石、金属物等悬浮速度较大的重杂质。

②采用筛选设备进行筛理，筛除体积比小麦颗粒小的杂质和分离体积比小麦颗粒大的杂质。

③利用物质导磁性的不同，采用带有磁钢的装置，在轧麦前的输送过程中，清除混入小麦中的铁钉、铁片、铁矿石、镍、钴等杂质。

在一般情况下，供制曲用的三等以上小麦，可以不再经过风选、筛选，仅在轧碎机进料口前方或进料输送带上方，装置吸铁用的磁钢，清除铁件，以防止损坏轧麦机。经过清理除杂的小麦，通过轧麦机，将每粒小麦轧碎成3～5片，然后制曲。

2. 清洁卫生

（1）将踩曲场、器具等清洗干净，将曲房打扫干净，关闭门窗，对曲房进行消毒灭菌；将车间、曲房外四周清洁干净，不得堆放生活、生产垃圾。

（2）曲房的灭菌　配制20%的石灰乳，用于曲房、地面及墙面消毒。清洁和灭菌工作要认真负责，不能有死角。

3. 检查设备和能源

（1）设备使用前，将设备清理干净，设备上不能堆放任何杂物。

（2）检查设备的螺丝、螺帽是否松动。

（3）检查电源插头、插座是否完好。

（4）设备启动后，从声音上判断是否转动正常。如有异常声音，应立即停机检查。

（5）定期对机械设备进行润滑保养。

二、生麦曲中踏曲的制作

（一）目的要求

了解生麦曲中踏曲的配方，掌握踏曲的工艺操作过程；掌握踏曲发酵过程中各环节的具体操作及关键工艺调控步骤。

（二）实训原理

黄酒是以糯米、粳米、籼米、黍米、粟米、小米、玉米、小麦等作为原料，经酵母、细菌、霉菌等微生物共同作用酿造而成的发酵原酒，黄酒生产中以麦曲（或红曲）、酒药（小曲）、酒母（有些为酒药）、干酵母等为糖化剂和发酵剂。而传统绍兴黄酒酿造的糖化剂为自然培养的生麦曲；生麦曲中含有多种微生物如霉菌（根霉、毛霉、犁头霉、米曲霉、黑曲霉等）、细菌（枯草芽孢杆菌、乳酸菌等）、酵母（酿酒酵母、假丝酵母等）等酶系，生麦曲既有糖化作用，也有部分发酵作用，主要作用为糖化作用，它们协同作用的代谢产物赋予黄酒独特的风味或风味前体物质。

麦曲是指在破碎的小麦粒上培养繁殖微生物而制成的黄酒生产用糖化剂和少量发酵剂。它为黄酒酿造提供各种酶类，主要是淀粉酶、蛋白酶、脂肪酶等，促使原料所含的淀粉、蛋白质、脂肪等高分子物质水解；同时在制曲过程中形成的各种代谢物，以及由这些代谢产物相互作用产生的色泽、香味等，赋予黄酒酒体独特的风格。

传统的生麦曲生产采用踏曲的方式自然接种培育微生物。传统的生麦曲质量的好坏即麦曲中各种酶系的恰到好处及有一定数量的正常有益乳酸杆菌加入到发酵醪中，使发酵能正常进行，有一定的风味物质或风味前体物质，加入发酵醪，增加黄酒的香气，以保证黄酒的质量。

踏曲生产季节是在新麦入仓后，阴历的五月底开始。而绍兴酒用麦曲的制造时期，一般是在农历的八月至九月间，此时已属秋天，秋季南方雨量充沛，气候湿度较高，又值桂花初开的季节，所以制成的曲俗称“桂花曲”，而有的企业由于产量大，在夏天和冬天也制曲，俗称“伏曲”和“冬曲”。

（三）实训器材

筛选机、轧麦机、拌曲机、轧曲机、铁锹、舀斗、磅秤、竹簟、稻壳、草包、温度表、湿度表、麻袋等。

（四）实训操作

1. 设计踏曲制作的工艺流程

踏曲制作的工艺流程如图4所示。

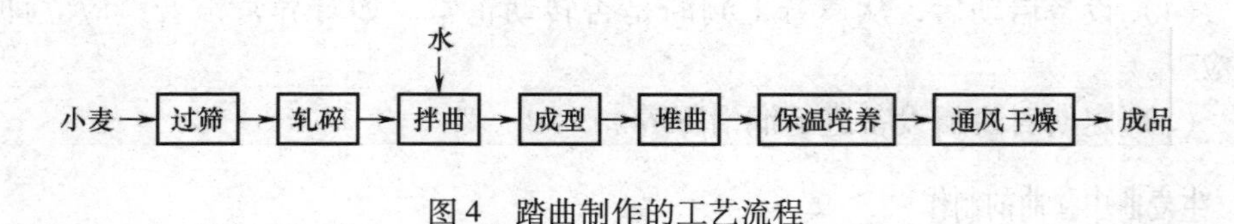

图4　踏曲制作的工艺流程

2. 踏曲制作的操作方法

（1）过筛　过筛是为了除去小麦中的泥、石块、秕粒和尘土等杂质，使麦粒整洁均匀。

先将小麦通过风选装置的机械，利用悬浮速度的不同，清除小麦中混入的尘土、麦壳、秕粒、虫蚀麦等；将小麦通过筛选设备，筛除体积比小麦颗粒小的杂质和分离体积比小麦颗粒大的杂质如泥块、石子等；在轧麦前的输送过程中，装有磁铁的装置，清除混入小麦中的铁钉、铁片、铁矿石、镍、钴等金属物质。

（2）轧碎　清理后的小麦通过轧麦机，每粒轧成3～4片，细粉越少越好，这样可使小麦的麦皮组织破坏，麦粒中的淀粉外露，易于吸收水分，又可增加糖化菌的繁殖面积。为了达到适当的轧碎程度，必须掌握以下两点：一是麦粒干燥，含水量不超过13%；二是麦粒过筛，力求在上轧麦机时保持颗粒大小均匀一致。同时，在轧碎过程中要经常检查轧碎程度，随时加以调整。

（3）加水拌曲　将经称量的已轧碎的小麦25kg，装入拌曲机内，加入20%～22%的清水，迅速搅拌均匀，务必使吸水均匀，不要产生白心和水块。拌曲加水量要根据实际情况严格控制。同时，曲料加水后的翻拌必须快速而均匀，这是制好麦曲的关键之一。这段时期，室温一般在17～23℃，水温在21～23℃拌曲后含水分24%～26%。

（4）踏曲　踏曲时，先将一只长106cm、宽74cm、高25cm左右的木框平放在比木框稍大的平板上，先在框内撒上少量麦屑，以防黏结，然后把拌好的曲料倒入框内摊平，上面盖上草席，用脚踩实成块后取掉木框，用刀切成12个方块，每一曲块的长、宽、高大致为25cm、25cm、5cm。切成的曲块不能马上堆曲，必须静置15～30min，再依次搬动堆曲。

使用块曲成型机来制作机制块曲。在机器的入口处，调节好麦料和水的进口速度，经过搅拌，使曲料和水混合均匀，并使含水量达到要求的数值。拌好水的曲料盛在机器中输送带上的一只只曲盒中，在输送带的传动过程中，通过数次的挤压，在出口送出来的就是成型的曲块，然后送入曲房进行堆曲培养。

（5）堆曲　堆曲前，曲室应先打扫干净，墙壁四周用石灰乳粉刷杀菌，在地面上铺上一层稻壳，再铺上竹簟，以利保温。曲成形后送入曲房，堆曲时要轻拿轻放，先将已结实的曲块整齐地摆成丁字形、井字形或品字形，叠成两层，使它不易倒塌，再在上面散铺稻草垫或草包保温，以适应糖化菌的生长繁殖。曲堆四周边缘要加盖麻袋保温，严格保温，多加麻袋。曲堆大小要以气温而定。气温高，每班曲分为几堆，增加间隔；气温低，以一班曲为一堆。

（6）保温发酵　曲室的保温工作主要根据气温及室温情况，适当地关闭门窗调节。在曲堆上面和四周，用草包和竹簟等调节。制曲过程中，应及时检查并测定品温，加以调节控制，不使曲堆品温过高或升温太慢。

除控制品温外，要做好通气排湿工作。品温到54℃后，可将上面竹簟揭去；经过一定时间后，再除去上面覆盖的部分稻草，适当地打开门窗，降低发酵温度，以免产生烂曲或黑心曲等现象。至第七天以后，品温与室温相近，麦曲中水分已大部分蒸发，就要将全部门窗打开。到十四天左右，取出曲块，运到贮曲间，堆叠成品字形或丁字形存放备用。零星曲粒（散曲），亦应拣出，如地方不急用，亦可让其堆放原来的曲室中；散曲应在太阳下晒一天，干燥后装入麻袋贮存，使用时不能单独使用，与整块曲一起使用，掺入的数量为散曲不能超过总用曲量的10%。

（7）成品曲的质量鉴别　麦曲的质量好坏主要是通过感官鉴别，并结合化验分析来确定。质量好的麦曲有正常的曲香，浅灰白色菌丝或白色菌丝茂密均匀，无霉烂夹心，无霉味或生腥味，曲块坚韧疏松，曲屑坚韧触手水分低（14%以下），糖化力高（800单位/g曲以上）。

实训四　熟麦曲的制作

一、菌种和种曲的培育

（一）目的要求

掌握种曲菌种的培育能力和种曲的工艺操作能力。

（二）实训原理

纯种熟麦曲是指用人工接种的方法，把经过纯粹培养的糖化菌菌种，接种在熟小麦原料上，在一定环境条件下，使其大量繁殖而制成的黄酒糖化剂。

纯种制熟麦曲，工业生产规模较大，制曲容积达几十立方米以上，要使小小的微生物在几十小时的较短时间内，完成如此巨大的发酵转化任务，那就须具备数量巨大的微生物细胞才行。菌种扩大的目的是为制曲提供相当数量代谢旺盛的种子。因为发酵时间的长短与接种量的大小有关，接种量大，发酵时间则短，并且有利于减少染菌的机会，因此种子扩大的任务不但要得到纯而壮的培养物，而且要获得活力旺盛的、接种数量足够的培养物。对于不同产品的发酵过程来说，必须根据菌种生长繁殖速度快慢来决定种子扩大培养的级数。熟麦曲制曲中通常采用二级种子扩大培养。熟麦曲的制作工艺流程如图5所示。

原菌→斜面菌种→一级种曲→二级种曲→通风制曲

图5　二级扩大培养的流程

（三）实训器材

新鲜麸皮（无霉烂、无虫蛀）苏－16号，培养箱，无菌室，超净工作台，灭菌锅，分析用仪器，筛选机，轧麦机，制曲机等。

（四）实训操作

1. 试管斜面菌种制备

（1）工艺流程　如图6所示。

（2）操作方法及要求　斜面试管培养基，一般采用12～13°Bx米曲汁或麦芽汁为培养基，以琼脂为凝固剂，其用量为米曲汁的2%左右，将两者混合融化，然后分装试管，塞上棉塞，灭菌（温度升至121℃，压力达0.1MPa时，保持20～30min），将培养基制成斜面，冷却后接种，在28～30℃培养4～5d。

培养好的斜面菌种要求菌丝健壮、整齐，孢子丛生丰满，菌丛呈鲜丽的深绿色或绿黄色，不得有异样的形状及色泽，显微镜检查不得有杂菌发现。

为使斜面菌种达到性能不褪化和不污染的目的，一定要严格操作手续和管理，同时正确做好传代保藏工作，还是多采用定期传代保藏法。具体做法是将菌

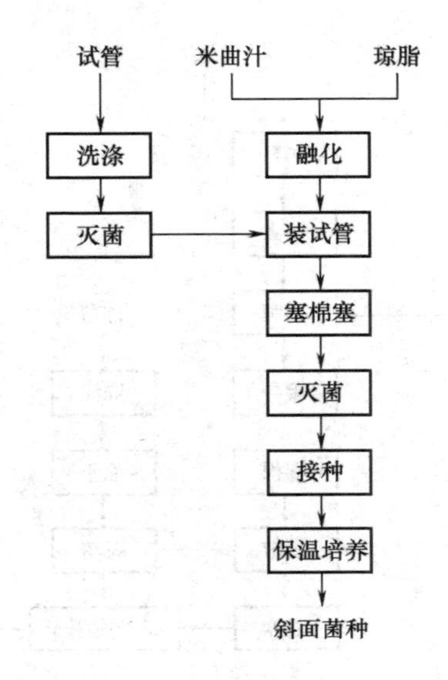

图6　试管斜面菌种制备流程图

种接在斜面固体培养基上，待菌落生长好后，再放入4℃左右的冰箱中进行保藏，每隔3～6个月移种一次。此法较简便，但要注意以下几点：

①所用培养基的营养成分，相对来讲要比较少，以利于微生物的休眠，一般采用察氏培养基比较适当。

②限于试管中斜面上这样的小空间，不应让微生物过分繁殖，导致衰老，应该在菌体比较年轻时中止培养，进行保藏。

③尽量减少传代次数，把原种传代保藏斜面与生产用的斜面分开，每支保藏斜面菌种可接种一批斜面，供生产使用。为了保证菌种的纯净和不退化，应定期对原种进行分离纯化，通过筛选，去弱留强。

2. 种曲的制作

一级种曲和二级种曲均可采用三角瓶培养，两者制法基本相同。二级种曲的制作，如图7所示。

①培养基的处理：最好用粗麸皮。先将麸皮过40目筛，筛去粉末。取过筛后的麸皮，加入80%～90%的清水，经充分拌匀。

②装瓶：称50g拌好的麸皮，装入已灭菌的1000mL三角瓶中，塞上棉塞，用牛皮纸包扎好。

③灭菌：高压灭菌锅内蒸汽灭菌，以0.1MPa灭菌40～60min，取出后趁热摇散三角瓶中的麸皮块，使瓶壁上部的冷凝水回入麸皮内。

④接种培养：待冷至35℃左右，在无菌室内接入斜面菌种孢子。用接种匙将少量菌种接入三角瓶中，并充分摇匀。移入培养箱内32℃左右培养。

⑤摇瓶：保温培养10～14h，摇瓶1次；再经8～10h，出现白色菌丝状，进

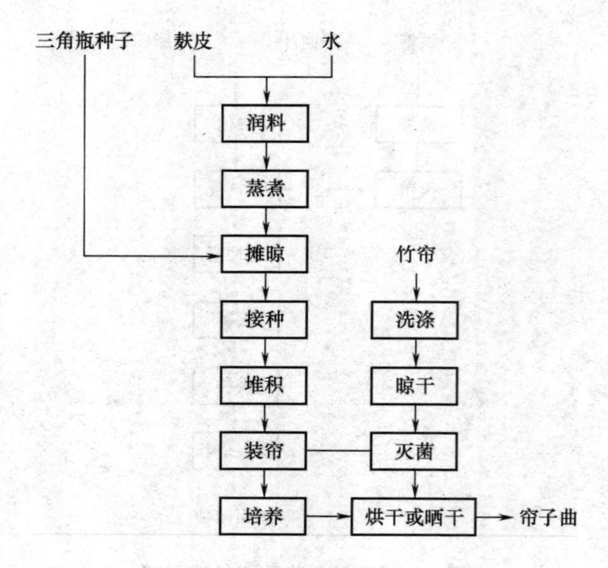

图7 二级种曲培养的工艺流程图

行第2次摇瓶；又经4~6h，长出较多白色菌丝，进行第3次摇瓶，然后，将麸皮平摊于瓶底。

⑥扣瓶：再经过8~10h培养后，由于菌丝的蔓延生长，将麸皮连成饼状，即行扣瓶（将瓶轻轻倒放，使麸皮饼脱离瓶底）；扣瓶后继续保温培养；自接种起经40~48h麸皮全部变为黄绿色，即可移出保温箱。

⑦出瓶：将三角瓶的种曲用长的竹筷断为两块，取出放入小竹匾内备用，种曲放置时间不宜太长，一般在两天内使用。曲种质量要求：菌丝健壮，整齐，孢子丛生，繁殖透彻，内无白心，色泽一致，呈黄绿色；显微镜检查无杂菌，孢子球形规则，均匀。

二级菌培养在全密闭的环境下进行，可保证菌种的纯度。具体操作如下：麸皮与水按照1：0.9（质量比）的比例混合均匀，堆积润料1.5h后分装于培养盘（厚度小于2cm）中，121℃灭菌20min冷却至30℃接种3.5‰（质量比）二级种曲。静置培养12h，期间温度不超过37℃，湿度为100%；通风培养36h，期间温度不超过40℃、湿度逐渐降至95%，培养结束后在密闭条件下机制种曲。

二、熟麦曲的制造

（一）目的要求

了解熟麦曲的配方，掌握熟麦曲的工艺操作过程；掌握熟麦曲发酵过程中各环节的具体操作及关键工艺调控步骤，通过学习巩固熟麦曲的发酵理论，提高熟麦曲的操作能力。

（二）实训原理

黄酒厂制造麦曲多选用黄曲霉或米曲霉。目前常用的菌种有苏－16号和中国科学院3800号，这些菌种具有糖化力强、容易培养和不产生黄曲霉毒素等特点。其中苏－16号是从自然培养麦曲中分离出来的优良菌株，用该菌种制成的麦曲来酿造黄酒，有黄酒固有的风味特色，因此，应用较普遍。与自然培养麦曲相比，纯种麦曲具有酶活力高、液化力强、用曲量少和适合机械化黄酒生产的优点，但其不足之处是还不能像自然培养麦曲那样，赋予黄酒特有的风味，因此，一些黄酒厂为了提高产品质量，在机械化黄酒酿造中，采用纯种培养的麦曲和自然培养的麦曲混合使用的方法。

纯种培养的麦曲主要有熟麦曲和爆麦曲。为了适应机械化黄酒生产的需要，多采用厚层通风的制备方法。通风制曲具有培养室面积小、设备相对简单、操作方便、节约工时、便于管理、劳动强度低等优点。随着科技的进步，目前已有企业采用圆盘自动制曲机，进行熟麦曲的生产。自动制曲机，由于全程对温度、湿度的自动调节控制，且在相对密闭的空间中培养，故麦曲的糖化率较高且稳定，是今后纯种麦曲的发展方向。

（三）实训器材

筛选机，轧麦机，铁锹，木甑或蒸球，扬渣机，鼓风机，曲池，小拉车等。

（四）实训操作

（1）通风制曲工艺流程　如图8所示。

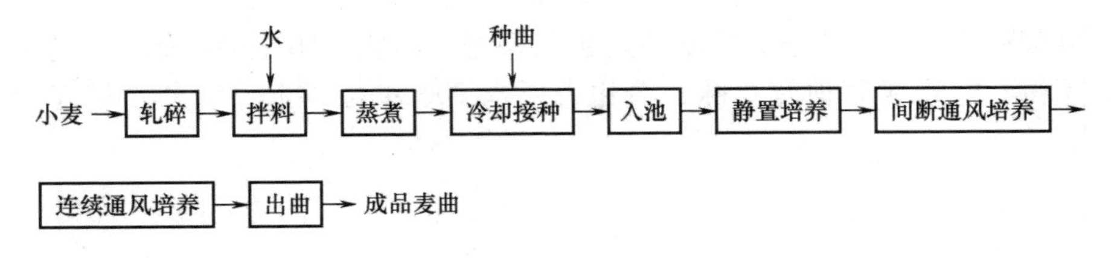

图8　通风制曲工艺流程

（2）通风制曲操作方法与要求

①轧碎：操作与要求同踏曲生产。

②拌料：将轧好的小麦，加30%～35%的水（在实际生产中，根据麦料的干燥、粗细程度和季节不同适当调整）。拌匀后堆积润料1h，使小麦均匀，充分吸水。如用蒸球蒸煮则不需润料。

③蒸煮、接种：常用的方法有两种，一种是用木甑常压蒸煮，用铁锹将原料锹入甑内，通入蒸汽，待麦层比较均匀地冒出蒸汽后，加盖再甑45min。另一种是使用蒸球进行密封、转动蒸煮，因为是高压蒸煮，从而缩短蒸煮时间。蒸熟的原料用扬渣机打碎，在这一过程中可以使用鼓风机将原料快速降温。在品温37℃左右时，接入种曲，接种量为0.3%～0.5%。接种时，为防止孢子飞扬和接

种均匀，可以先将种曲与部分原料混合，并搓碎拌匀，撒在摊开的原料上，再将原料收集在一起，用扬渣机将原料再撒一次，从而保证种曲和原料混合均匀。接种后原料品温为33～35℃。

④入池：通风曲池的结构与原理同箱式通风制曲设备。曲房在使用之前，一般采用硫熏法或甲醛法来彻底杀菌。然后将接种好的原料用车拉至曲池边，锹入曲池。料层厚度一般为25～30cm，视气候而定。曲料入池后品温一般在30～32℃。

⑤静置培养：一般需要6～8h，主要是控制室温在30～31℃，相对湿度在90%～95%。

⑥通风培养：这一过程分间断通风培养和连续通风培养两个阶段。当品温升至33～34℃时，需要通风来降低品温，并利用空气带走曲层中的CO_2，当品温降低至30℃时停止通风。此阶段通风为室内循环风，温度最好保持在30～34℃，而且品温逐渐往上提，要兼顾降温和保湿。间断通风3～4次后，菌体的生长繁殖开始进入旺盛时期，菌丝大量生长，产生大量的热量，品温上升很快，此时应开始连续通风。如果池中曲料收缩开裂、脱壁，应及时将裂缝压灭，避免通风短路。要获得淀粉酶活力高的麦曲，品温应保持在38～40℃，高于40℃对曲霉的生长和产酶不利。为使品温不超过40℃，在通入室内循环风时根据品温情况，在循环风中适当引入室外的新鲜风。在出曲前几小时，应提高室温，通入室外风排潮。

⑦出曲：关闭暖气片停止供热，随着室外冷风的通入，品温和湿度逐渐降低，及时出曲，从曲料入池到出曲约需36h。

⑧纯种曲的质量要求：要求菌丝粗壮稠密，不能有明显的黄绿色，应有曲香，不得有酸味或其他霉臭味，糖化力要求900单位以上，水分含量在25%以下。

参考文献

［1］田久川，赵忠文．中华酒文化史．延吉：延边大学出版社，1991.

［2］周家骐．黄酒生产工艺．北京：中国轻工业出版社，1988.

［3］马涛．玉米深加工．北京：化学工业出版社，2008.

［4］郭勇．酶的生产与应用．北京：化学工业出版社，2003.

［5］于景芝．酵母生产与应用手册．北京：中国轻工业出版社，2008.

［6］陆步诗，李新社．辣蓼草对小曲质量的影响研究．酿酒科技，2006，149（11）：42－43.

生物化学	30.00 元
生物化学	38.00 元
生物化学	34.00 元
生物化学实验技术（普通高等教育“十一五”国家级规划教材）	22.00 元
生物检测技术	24.00 元
生物再生能源技术	45.00 元
微生物工艺技术	28.00 元
微生物学	40.00 元
微生物学基础	36.00 元
无机及分析化学	28.00 元
现代基因操作技术	30.00 元
现代生物技术概论	28.00 元
植物组织培养（国家级精品课程配套教材）	28.00 元

高职酿酒技术系列

麦芽制备技术	25.00 元
啤酒过滤技术（国家级精品课程配套教材）	15.00 元
啤酒生产理化检测技术	28.00 元
啤酒生产原料	20.00 元
啤酒生产微生物检测技术	27.00 元
麦汁制备技术	27.00 元
啤酒包装技术	38.00 元
中国酒文化概论	24.00 元

公共课和基础课教材

检测实验室管理	30.00 元
无机及分析化学	28.00 元
现代仪器分析	28.00 元
化学实验技术	14.00 元
基础化学	27.00 元
有机化学	39.00 元
化验室组织与管理	16.00 元
有机化学	39.00 元
无机及分析化学	30.00 元
化学综合——无机化学	26.00 元
化学综合——分析化学	20.00 元